智能优化算法与遥感影像分类

孙根云　张爱竹　孙　林　马　萍　著

中国石油大学(华东)学术著作出版基金重点资助

科学出版社

北　京

内 容 简 介

智能化的遥感影像分类问题在特征选择、分割与分类优化三个方面都面临挑战，本书从提高智能优化算法的性能入手，在系统分析智能优化算法与影像处理问题映射关系的基础上，提出了一系列新型遥感影像智能分割分类方法。全书主要介绍了万有引力搜索算法及其改进方法、生物地理学优化算法及其改进方法、基于引力搜索算法的高分辨率遥感影像特征选择与多阈值分割、基于引力优化神经网络的高光谱遥感影像分类，以及基于差分进化算法和多尺度核支持向量机的高分辨率遥感影像分类等内容。

本书可以作为遥感科学与技术、计算机科学与技术、人工智能、信息科学等相关专业领域科研人员、工程技术人员、研究生、高年级本科生及智能化信息处理爱好者研究、学习的教材或参考书。

图书在版编目(CIP)数据

智能优化算法与遥感影像分类/孙根云等著. —北京：科学出版社，2019.2

ISBN 978-7-03-060452-1

Ⅰ. ①智… Ⅱ. ①孙… Ⅲ. ①智能技术-最优化算法-应用-遥感图象-图象处理-研究 Ⅳ. ①TP75

中国版本图书馆 CIP 数据核字(2019)第 014396 号

责任编辑：杨 红 郑欣虹/责任校对：何艳萍

责任印制：张 伟/封面设计：陈 敬

科学出版社 出版

北京东黄城根北街 16 号

邮政编码：100717

http://www.sciencep.com

北京厚诚则铭印刷科技有限公司 印刷

科学出版社发行 各地新华书店经销

*

2019 年 2 月第 一 版 开本：720×1000 B5

2019 年 2 月第一次印刷 印张：10 1/2

字数：200 000

定价：49.00 元

(如有印装质量问题，我社负责调换)

前　言

遥感技术的飞速发展，使得遥感影像成为地表监测的主要数据源，为地表精细分类提供了前所未有的机遇。然而，数据处理方法的滞后严重限制了遥感影像的应用。遥感影像时空特征变化复杂、信息量巨大，对其进行分类在特征选择和分类方法优化两个关键问题上都面临严峻的挑战。这两个关键问题本质上都可以转化成优化问题。智能优化算法具有自组织、自适应和全局寻优的特性，该类方法为解决遥感影像处理的两大问题提供了良好的理论基础。因此，遥感影像的智能处理是目前遥感数据处理领域研究的热点。

但是，与任何新生技术一样，智能优化算法应用到遥感影像处理方面时，算法固有的一些特点导致还有很多问题需要解决。其中，最核心的问题有如下两个。一是智能优化算法自身缺陷导致的早熟收敛问题。基于“没有免费午餐”的理论，没有一个算法可以良好地适应所有的待优化问题，因而对智能优化算法的改进和完善是需要首先解决的问题。二是智能优化算法与遥感影像数据处理的映射关系构建问题。智能优化算法发挥作用的前提是确定待优化问题的搜索空间与目标函数，而遥感影像特征描述与分类的关键问题是特征参数的确定与分类模型的构建。如何根据具体的应用需求构建这两者之间的映射关系，是遥感影像分类面临的另一个难题。

作者根据多年的研究心得和研究成果，结合国内外智能优化算法与遥感影像智能解译的最新研究成果撰写成本书，以供相关人员参考。具体来说，本书围绕遥感影像数据处理面临的两大关键问题，重点关注遥感影像特征优化、分割与分类三个方面，从智能优化算法的基本理论与寻优机制入手，系统地提出了万有引力搜索算法与生物地理学优化算法的改进方案，并在此基础上设计了高维特征降维与优化、遥感影像多阈值分割、分类器与分类模型构建与优化等方案。

全书共 11 章。第 1 章为绪论，对最优化问题和智能优化算法进行了简要概述，分类列举了几种典型的智能优化算法，并从特征优化、影像分割与影像分类三方面概述了智能优化算法在遥感图像处理领域的主要应用；第 2 章介绍万有引力搜索算法的基本原理及其研究进展；第 3 章介绍了生物地理学优化算法的基本原理及其研究进展；第 4 章介绍了基于稳定性约束 α 动态调节的引力搜索算法并对其有效性进行了验证；第 5 章介绍了基于邻域引力学习的生物地理学优化算法，并对其优化性能进行了测试；第 6 章介绍了基于遗传算法的引力搜索算法及其应用；第 7 章介绍了基于动态邻域学习的引力搜索算法并对其优化性能进行了测试；第

8 章介绍了基于引力搜索算法的高分辨率遥感影像特征选择方法与应用；第 9 章介绍了基于引力搜索算法的高分辨率遥感影像多阈值分割；第 10 章介绍了基于引力优化神经网络的高光谱遥感影像分类方法，并介绍了基于优化神经网络的高光谱遥感影像分类方法；第 11 章介绍了基于差分进化算法和多尺度核支持向量机的高分辨率遥感影像分类方法。

本书是中国石油大学(华东)遥感影像智能处理课题组近十年来集体智慧的结晶。特别感谢李小文院士、柳钦火研究员多年来的悉心培养和指导；感谢澳大利亚西南威尔士大学博士生导师、*IEEE Transactions on Geoscience and Remote Sensing* 副主编贾秀萍(Xiuping Jia)的指导和帮助；特别感谢国家自然科学基金资助项目(41471353，41801275)、山东省自然科学基金资助项目(ZR2018BD007，ZR2017MD007)、中央高校基本科研业务费专项资金项目(18CX05030A，18CX02179A)、青岛市博士后应用研究项目(BY20170204)及骨干教师人才支持计划的联合资助。

在撰写本书过程中，参考了大量国内外文章和著作，虽已注明和列出参考文献，但可能还有未列出的文献。在此，向相关文献作者表示衷心的感谢！

由于作者水平有限，书中不妥之处在所难免，恳请读者批评指正。

作　者

2018 年 10 月

目　录

前言
第1章　绪论 ……1
　1.1　最优化问题 ……1
　1.2　智能优化算法概述 ……2
　　1.2.1　粒子群优化算法 ……4
　　1.2.2　遗传算法 ……4
　　1.2.3　差分进化算法 ……6
　　1.2.4　模拟退火算法 ……8
　　1.2.5　化学反应优化算法 ……10
　1.3　遥感影像智能处理方法 ……12
　　1.3.1　特征优化 ……12
　　1.3.2　影像分割 ……13
　　1.3.3　影像分类 ……14
　1.4　小结 ……16
第2章　万有引力搜索算法 ……17
　2.1　引力搜索算法 ……17
　　2.1.1　算法原理与流程 ……17
　　2.1.2　算法性能验证 ……20
　2.2　引力搜索算法研究进展 ……23
　　2.2.1　GSA的改进策略 ……23
　　2.2.2　GSA应用现状 ……25
　2.3　基于斥力的GSA改进算法 ……26
　　2.3.1　算法原理 ……27
　　2.3.2　算法流程 ……29
　　2.3.3　算法的性能验证 ……30
　2.4　混合PSOGSA算法 ……33
　　2.4.1　算法原理 ……34
　　2.4.2　算法流程 ……34
　　2.4.3　算法的性能验证 ……35
　2.5　基于参数调节的GSA改进算法 ……36

2.5.1 算法改进策略 …… 36
2.5.2 算法流程 …… 38
2.5.3 算法的性能验证 …… 39
2.6 小结 …… 40
第 3 章 生物地理学优化算法 …… 41
3.1 基本生物地理学优化算法 …… 41
3.1.1 算法的基本思想 …… 41
3.1.2 算法的模型 …… 42
3.1.3 算法的流程 …… 43
3.1.4 算法的性能验证 …… 44
3.2 生物地理学优化算法的研究进展 …… 46
3.2.1 生物地理学优化算法的理论分析 …… 46
3.2.2 生物地理学优化算法的改进 …… 48
3.2.3 生物地理学优化算法的应用 …… 49
3.3 引入新策略的 BBO 改进算法 …… 49
3.3.1 算法改进策略 …… 50
3.3.2 算法的流程 …… 52
3.3.3 算法的性能验证 …… 53
3.4 混合 BBO 优化算法 …… 55
3.4.1 算法改进策略 …… 56
3.4.2 算法的流程 …… 57
3.4.3 算法的性能验证 …… 57
3.5 基于参数调节的 BBO 改进算法 …… 59
3.5.1 算法改进策略 …… 60
3.5.2 算法的性能验证 …… 62
3.6 基于拓扑结构的 BBO 改进算法 …… 65
3.6.1 算法改进策略 …… 66
3.6.2 算法的流程 …… 68
3.6.3 算法的性能验证 …… 68
3.7 小结 …… 71
第 4 章 基于稳定性约束 α 动态调节的 GSA 算法 …… 72
4.1 算法原理 …… 72
4.2 实验与结果分析 …… 74
4.2.1 实验设置 …… 74
4.2.2 实验结果分析 …… 75

4.3 小结……79
第 5 章 基于邻域引力学习的生物地理学优化算法……80
5.1 算法原理……80
5.1.1 NFBBO 迁移策略……80
5.1.2 自适应的高斯变异机制……81
5.2 实验与结果分析……82
5.2.1 参数设置……82
5.2.2 实验结果及分析……83
5.3 小结……87
第 6 章 基于遗传算法的引力搜索算法……88
6.1 算法原理……88
6.2 实验与结果分析……89
6.2.1 测试函数……89
6.2.2 实验与结果分析……90
6.3 小结……94
第 7 章 基于动态邻域学习的引力搜索算法……95
7.1 算法原理……95
7.1.1 局部全连接邻域结构……96
7.1.2 动态邻域学习策略……97
7.1.3 基于进化状态的动态局部邻域构建与 gbest 变异……98
7.2 实验与结果分析……102
7.2.1 实验设置……102
7.2.2 实验结果分析……102
7.3 小结……108
第 8 章 基于 GSA 算法的高分辨率遥感影像特征选择……109
8.1 光谱与纹理特征提取……109
8.1.1 光谱特征提取……109
8.1.2 纹理特征提取……110
8.2 基于 DNLGSA 的特征选择……111
8.3 实验结果与分析……114
8.3.1 实验数据与参数设置……114
8.3.2 备选特征提取……117
8.3.3 特征选择与分类结果分析……117
8.4 小结……120
第 9 章 基于 GSA 算法的高分辨率遥感影像多阈值分割……121

9.1　常用的阈值分割准则……121
9.1.1　Kapur's 熵分割准则……121
9.1.2　Otsu 分割准则……122
9.2　基于 DNLGSA 的高分辨率遥感影像多阈值分割……123
9.3　实验结果与分析……124
9.3.1　实验数据……125
9.3.2　实验设置……126
9.3.3　精度评价指标……126
9.3.4　多阈值分割结果……127
9.4　小结……129
第 10 章　基于引力优化神经网络的高光谱遥感影像分类……130
10.1　人工神经网络……130
10.1.1　人工神经网络概述……130
10.1.2　BP 神经网络……131
10.2　基于 SCAA 的神经网络参数优化……132
10.3　高光谱遥感影像分类……133
10.4　影像分割与分类结果的融合……136
10.5　小结……138
第 11 章　基于差分进化算法和多尺度核 SVM 的高分辨率遥感影像分类……139
11.1　多核 SVM 学习方法……139
11.2　多尺度核学习方法……140
11.2.1　多尺度核序列学习方法……140
11.2.2　基于智能优化算法的多尺度核学习方法……141
11.3　基于动态差分进化算法的多尺度核参数优化……141
11.4　高分辨率遥感影像分类……143
11.5　小结……146
参考文献……147

第1章 绪 论

1.1 最优化问题

最优化问题，就是在满足一定约束的条件下，寻找一组参数值，以使某些最优性度量得到满足，使系统的某些性能指标达到最大或最小。最优化问题的应用遍布工业、社会、经济、管理等各个领域，其重要性是不言而喻的。

最优化问题根据其目标函数、约束函数的性质，以及优化变量的取值等，可以分为多种类型，每一种类型的最优化问题根据其性能的不同都有特定的求解方法。

为了不失一般性，设最优化问题为

$$\begin{aligned} & \min/\max\left\{y=f(x)\right\} \\ & \text{s.t.}\quad x\in S=\left\{x \mid g_i(x)\leqslant 0, i=1,2,\cdots,m\right\} \end{aligned} \tag{1-1}$$

式中，$y=f(x)$为目标函数；$g_i(x)$为约束函数；m为约束函数的个数；S为约束域。

当$f(x)$、$g_i(x)$为线性函数，且$x\geqslant 0$时，上述问题为线性规划问题，其求解方法有成熟的单纯形法和Karmarc方法等。

当$f(x)$、$g_i(x)$中至少有一个函数为非线性函数时，上述最优化问题为非线性规划问题。非线性问题相对复杂，其求解方法多种多样，目前仍然没有一种有效的适用于所有问题的方法。

当$g_i(x)\leqslant 0(i=1,2,\cdots,m)$所限制的约束空间为整个$n$维欧氏空间，上述最优问题为无约束优化问题，即

$$\begin{aligned} & \min\left\{y=f(x)\right\} \\ & \text{s.t.}\quad x\in S\in \mathbf{R}^n \end{aligned} \tag{1-2}$$

对于非线性规划问题(包括无约束优化问题和约束优化问题)，由于函数的非线性，问题的求解变得十分困难，特别是目标函数在约束域内存在多峰值的情况。对于常见的求解非线性问题的优化方法，其求解结果与初值的选择关系很大。也就是说，一般的约束或无约束非线性优化方法均是求目标函数在约束域内的近似极值点，而非真正的最优解。

定义 1.1 如果存在$x_B^*\in S$，使得对$\forall x\in B$有

$$f\left(x_B^*\right)\leqslant f(x), x\in B \tag{1-3}$$

成立，其中 $B \subset S \subseteq \mathbf{R}^n$，$S$ 为由约束函数限定的搜索空间，则 x_B^* 为 $f(x)$ 在 B 内的局部极小点，$f(x_B^*)$ 为局部极小值。

常见的优化方法大多为局部优化方法，都是从一个给定的初始点 $x_0 \in S$ 开始，依据一定的方法寻找下一个使得目标函数得到改善的更优解，直至满足某种停止准则。

定义 1.2 如果存在 $x^* \in S$，使得对 $\forall x \in S$ 有

$$f(x^*) \leqslant f(x), x \in S \tag{1-4}$$

成立，其中 $S \in \mathbf{R}^n$ 为由约束条件限定的搜索空间，则 x^* 为 $f(x)$ 在 S 内的全局极小点，$f(x^*)$ 为其全局极小值。

对于目标函数为凸函数、约束域为凸域的凸规划问题，局部最优与全局最优等效。而对于非凸问题，由于在约束域内目标函数存在多峰值，其局部最优与全局最优相差甚远。

目前，全局优化问题已存在许多算法，但比起局部优化问题的众多成熟方法还有很大的差距。为了可靠解决全局优化问题，人们试图离开解析确定型的优化算法研究，转而探索随机型全局优化方法，如模拟退火方法、进化算法、群智能等仿生型智能优化算法。

1.2 智能优化算法概述

与传统优化算法基于确定性的数学理论不同，智能优化算法具备随机搜索、自适应、自组织的特性。因而，从 20 世纪 50 年代开始，智能优化算法作为传统优化算法的补充和扩展，取得了巨大的发展（黄席樾等, 2009；Engelbrecht, 2007）。目前，根据所模拟自然现象的不同，智能优化算法可以大致分为三类：进化算法、群智能优化算法与基于物理学和化学的优化算法。

1. 进化算法

进化算法（evolutionary algorithm，EA）主要是通过模拟生物进化过程中的“优胜劣汰”过程设计优化算法，个体在进化过程中不断调整自身特性以适应复杂环境的变化，从而寻求待优化问题的解。应用较为广泛的进化算法包括遗传算法（genetic algorithm，GA）（Holland, 1975）、文化算法（cultural algorithm，CA）（Reynolds, 1994）、进化算法（differential evolution，DE）（Storn and Price, 1997）、和声搜索算法（harmony search，HS）（Geem et al., 2001）和差分搜索算法（differential search algorithm，DS）（Kurban et al., 2014；Civicioglu, 2012）等。其中，GA 算法是 John Holland 于 1975 年提出的一种模拟遗传进化发展的智能优化算法。在经典的 GA 算法中，个体特征是模拟染色体，基于基因型来表达的，采用定长

度的二进制编码来表示。在优化过程中，完成 N 个个体的编码之后将其设定为初始父代。然后评估其适应度，根据适应度值进行交叉与变异操作，对每条染色体进行更新，得到子代的 N 个个体。基于上述方法，在完成 T_{max} 次迭代之后，适应度最优的个体即为优化算法的最优解。

2. *群智能优化算法*

群智能优化算法主要是通过模拟生物界不同动物的狩猎与觅食等群体行为提出的。目前已经发展了包括粒子群算法(particle swarm optimization，PSO)(Eberhart and Kennedy, 1995)、蚁群算法(ant colony optimization，ACO)(Drigo et al., 1996)、生物地理学优化算法(biogeography-based optimization，BBO)(Simon, 2008)、人工蜂群算法(artificial bee colony，ABC)(Karaboga, 2005)、细菌觅食算法(bacterial foraging，BF)(Passino, 2002)、猫群算法(cat swarm optimization，CSO)(Chu et al., 2006)、人工免疫算法(artificial immune system，AIS)(Bakhouya and Gaber, 2007)、布谷鸟搜索算法(cuckoo search algorithm，CS)(Yang and Deb, 2009)、蝙蝠算法(bat algorithm，BA)(Yang and Gandomi, 2012)、灰狼算法(grey wolf optimizer，GWO)(Mirjalili et al., 2014)、萤火虫群优化(glowworm swarm optimization，GSO)(Krishnan and Ghose, 2009)等性能优良的智能优化算法。其中，为模拟鸟群觅食的社会影响和社会学习的模型而提出的 PSO 算法受到了广泛的关注。在 PSO 算法中，N 个粒子表示 N 个备选解，每个粒子都通过向群体的历史最优位置与个体的历史最优位置学习，完成自身的位置调整，逐渐收敛到最优位置。

3. *基于物理学和化学的优化算法*

相比于进化算法与群智能优化算法，目前在基于物理学和化学的优化算法研究方面的进展还较少。典型的算法包括模拟量子计算提出的量子优化算法(quantum optimization algorithm，QOA)(Feynman, 1982)，模拟电磁作用提出的电磁学等机制算法(electromagnetism-like mechanism，EM))(Birbil and Fang, 2003)，基于万有引力模型提出的引力搜索算法(gravitational search algorithm，GSA)(Rashedi et al., 2009)和基于化学分子之间化学反应提出的化学反应优化算法(chemical reaction optimization，CRO)(Lam and Li, 2010)。

近年来，随着智能优化算法的迅速发展，智能优化算法也在众多科学与工程领域得到了广泛的应用。典型的应用包括旅行商问题(Weise et al., 2014; Bakhouya and Gaber, 2007)、0-1 背包问题(Feng et al., 2014)、车辆调度问题(Gendreau et al., 2008)、路径规划问题(Raja and Pugazhenthi, 2012)，以及图像处理问题(Yap et al., 2009)等。尤其是随着遥感影像处理的要求不断提高，智能优化算法在遥感影像处理领域，包括高光谱影像波段选择(Hamdaoui et al., 2015)、端元信息提取(Zhang et al., 2011)、光学/雷达影像特征分割与分类(Ghamisi and Benediktsson, 2015a; Zhong and Zhang, 2012)等方面都得到了应用，取得了比较好的效果(Stathakis and

Vasilakos, 2006)，正成为目前遥感数据处理领域的一个热点。下面以粒子群算法、遗传算法、差分进化算法、模拟退火算法、化学反应优化算法为例，对不同类智能优化算法的具体技术细节进行描述。

1.2.1 粒子群优化算法

粒子群优化算法是一种典型的群智能优化算法。最早是由 Kenney 与 Kbehhart 于 1995 年提出的(Kennedy and Kbehhart, 1995)。它的优化过程模拟的是鸟群觅食的过程，鸟类在一定的范围内寻找食物时，不但能记住自己经过的食物最多、最好的地方，还能与其他的鸟互相交流自己的经验，从而使整个鸟群都向着所有鸟经历过的最靠近最好最多的食物的位置飞行。经过一段时间，鸟群就可以找到食物。将这种思想运用到问题求解的过程中，其基本思想是：首先随机产生一个粒子群体 pop，种群中每个粒子的位置为 $\boldsymbol{X}_i=\left(x_i^1,x_i^2,\cdots,x_i^D\right)$，速度为 $\boldsymbol{V}_i=\left(v_i^1,v_i^2,\cdots,v_i^D\right)$，其中，$i$=1, 2, …, N，N 为种群大小，D 为搜索空间的维度。种群 pop 中每个粒子作为待优化问题的一个备选解，其性能的优劣程度取决于待优化问题目标函数确定的适应度值。根据适应度值，可以记录每个粒子的个体最优(pbest)和种群的全局最优位置(gbest)。在后续的迭代过程中，每个粒子的运动都受这两个粒子的影响来决定下一步运动的方向和步长。每个粒子通过改变速度的大小和方向来改变自身位置，使随机的初始解飞向空间内的最优解。

在 t 时刻，种群 pop 中 pbest 与 gbest 的定义如下。

(1) 第 i 个粒子经历过的历史最好位置 pbest 表示为：$\mathrm{pb}_i(t)=(\mathrm{pb}_i^1(t),\mathrm{pb}_i^2(t),\cdots,\mathrm{pb}_i^D(t))$；

(2) 群体内所有粒子所经过的最好位置 gbest 表示为：$\mathrm{gb}(t)=(\mathrm{gb}^1(t),\mathrm{gb}^2(t),\cdots,\mathrm{gb}^D(t))$。

在 t+1 时刻，种群 pop 中第 i 个粒子在维度 d 上的位置和速度的更新方式为

$$V_i^d(t+1)=w\cdot v_i^d(t+1)+c_1\cdot r_1\cdot(\mathrm{pb}_i^d(t)-X_i^d(t))+c_2\cdot r_2\cdot(\mathrm{gb}^d(t)-X_i^d(t)) \tag{1-5}$$

$$X_i^d(t+1)=X_i^d(t)+V_i^d(t+1) \tag{1-6}$$

式中，c_1 为每个粒子向自身历史最优值 pbest 学习的学习因子；c_2 为粒子向全局历史最优值 gbest 学习的学习因子；w 为惯性权重。c_1 和 c_2 的取值通常在[1, 2]。w 是范围在[0, 1]的伪随机数。粒子群优化算法的流程如图 1-1 所示。

1.2.2 遗传算法

遗传算法是一种应用广泛、发展迅速的进化算法。1957 年 Fraser 等人首先提出了遗传算法的思想(Fraser, 1957)，而后 Holland 等人对其理论和方法展开了系统性的研究，并将其应用到机器学习中(Holland, 1975)。遗传算法的基本思想是

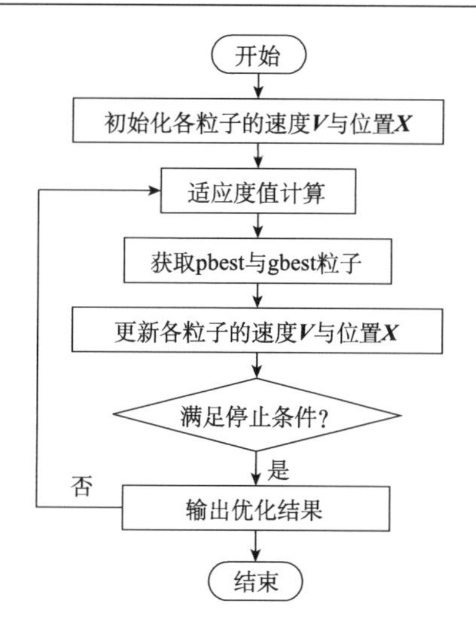

图 1-1　粒子群优化算法流程图

模仿生物进化，通过对种群内的粒子进行选择、交叉与变异操作，完成搜索与优化过程。通常，遗传算法先要随机初始化一个种群，种群中每个粒子代表优化问题的一个预备解，此时把粒子进行二进制编码，即每个基因位的值取值为 0 或者 1。然后，在解空间中，按照适者生存，即适应度值越好其解的质量好的原则，对粒子进行选择、交叉与变异操作，得到下一代的种群。这样，经过有限次的迭代进化，即可得到求解问题的最优解，其算法流程如下。

1. *初始化*

初始化一个大小为 N 的种群，对其按照二进制进行编码，即包括 N 条染色体，每条染色体有 D 个基因。

2. *选择*

选择的过程模拟了自然界中优胜劣汰的进化过程，保证了粒子的进化总是朝着最优解的方向进行。

3. *交叉*

交叉操作是为了不同粒子之间进行信息交流，具备一定的随机性，按照一定的交叉率 p_c 进行。在遗传算法中，可实行单点交叉，即一个基因位的交叉；或多点交叉，即多个基因位的交叉。

4. *变异*

变异是指基因位的取值以一定的概率发生改变。因为在二进制编码的遗传算法中，粒子各基因位的取值非 0 即 1，所以变异也是两个值的切换。因为自然界中生物优胜劣汰的过程，变异率是比较低的，所以变异率 p_m 的取值也较小，一般在[0.01, 0.2]内。

5. 迭代终止

当满足初始设定的迭代终止条件时，算法结束。否则，返回到第 2 步继续循环执行遗传操作。

遗传算法的流程如图 1-2 所示。

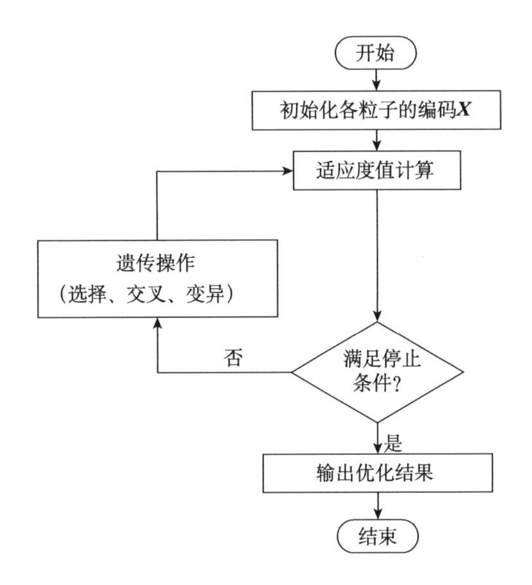

图 1-2 遗传算法流程图

1.2.3 差分进化算法

差分进化算法(Storn and Price, 1995; Price et al., 2005; Storn and Price, 1997)由 Storn 和 Price 于 1995 年首次提出。算法起初是为了求解契比雪夫多项式拟合问题(Chebychev polynomial fitting problem)，由于该问题是一个实数优化问题，Storn 和 Price 尝试采用实数编码直接表示个体，同时采用向量差分(vector difference)来对向量群体进行扰动，据此提出的差分变异(differential mutation)算子成为算法的主要遗传操作。由于差分变异算法的有效设计，差分进化算法得以提出。

差分进化算法是一类基于群体的自适应全局优化算法，该算法属于进化算法的一种，具有结构简单、容易实现、收敛快速、鲁棒性强等优点。算法主要用于求解实数优化问题。差分进化算法采用与标准进化算法相似的计算步骤，包括变异(mutation)、交叉(crossover)和选择(selection)三种操作(Price et al., 2005)。

1. 变异操作

差分进化算法中最重要的算子为差分变异算子，该算法也正因此算子而得名。该算子将同一群体中两个个体向量进行差分和缩放，并与该群体中第三个个体向量相加得到一个变异个体向量(mutant vector)。差分进化算法研究者设计了很多不同种类的变异算子，用“DE/*a*/*b*”来表示，其中“DE”表示差分进化算法；“*a*”表示基向量的选择方式，一般有 rand 和 best 两种；“*b*”表示算子中差分向量的个数。在多个变异算子中比较常用的有如下几种。

DE/rand/1:

$$\boldsymbol{V}_i = \boldsymbol{X}_{r1} + F\left(\boldsymbol{X}_{r2} - \boldsymbol{X}_{r3}\right) \tag{1-7}$$

DE/best/1:

$$\boldsymbol{V}_i = \boldsymbol{X}_{\text{best}} + F\left(\boldsymbol{X}_{r2} - \boldsymbol{X}_{r3}\right) \tag{1-8}$$

DE/rand/2:

$$\boldsymbol{V}_i = \boldsymbol{X}_{r1} + F\left(\boldsymbol{X}_{r2} - \boldsymbol{X}_{r3}\right) + F\left(\boldsymbol{X}_{r4} - \boldsymbol{X}_{r5}\right) \tag{1-9}$$

DE/current-to-best/1:

$$\boldsymbol{V}_i = \boldsymbol{X}_i + F(\boldsymbol{X}_{\text{best}} - \boldsymbol{X}_i) + F\left(\boldsymbol{X}_{r2} - \boldsymbol{X}_{r3}\right) \tag{1-10}$$

DE/rand-to-best/1:

$$\boldsymbol{V}_i = \boldsymbol{X}_{r1} + F(\boldsymbol{X}_{\text{best}} - \boldsymbol{X}_{r1}) + F\left(\boldsymbol{X}_{r2} - \boldsymbol{X}_{r3}\right) \tag{1-11}$$

式中，$\boldsymbol{X}_{\text{best}}$ 为当前群体的最优个体；$\boldsymbol{X}_i$ 为父代个体；$r1 \neq r2 \neq r3 \neq r4 \neq r5 \neq i$ 为群体中随机选择的 5 个个体；$\boldsymbol{V}_i$ 是变异向量；$\boldsymbol{X}_{r2} - \boldsymbol{X}_{r3}$ 为差分向量；$F \in [0,1)$ 为缩放因子，用于对差分向量进行缩放，从而可以控制搜索步长。

差分变异算子具有旋转不变性(rotation invariance)(Price et al., 2005)，即通过差分变异算子所得到的变异向量 $\boldsymbol{V}_i$ 具有不随坐标轴旋转而改变的性质。这一特点使得差分进化算法在交叉概率(crossover ratio, CR)约等于 1 时较适合求解变量相关(non-separable)的优化问题。此外，差分变异算子的另一个优点是差分变异向量可以使变异步长和搜索方向均能根据目标函数的场景(landscape)作自适应调整。

2. 交叉操作

在得到变异个体之后，需要与父个体向量进行交叉形成尝试个体向量(trial vector)。差分进化算法采用离散交叉算子，其中包括二项式交叉(binomial crossover)和指数交叉(exponential crossover)。二项式交叉算子可表示为

$$\boldsymbol{U}_i^j = \begin{cases} \boldsymbol{V}_i^j, & \text{if } \left(\text{rndreal}_j[0,1] < \text{CR or } j = j_{\text{rand}}\right) \\ \boldsymbol{X}_i^j, & \text{otherwise} \end{cases} \tag{1-12}$$

式中，$j = 1, \cdots, D$，D 为所求解问题自变量维数；rndreal[0,1]是[0,1]之间随机均匀产生的实数；j_{rand} 是 $[1, D]$ 之间的一个随机整数，保证尝试向量 $\boldsymbol{U}_i$ 中至少有一维

来自变异向量$\boldsymbol{V}_i$，从而避免与父个体向量$\boldsymbol{X}_i$相同。

通过二项式交叉所得到的子个体每维自变量可以离散地来自变异向量或目标向量，而通过指数交叉所得到的子个体的自变量只能连续地集成变异向量或目标向量的自变量。

3. 选择操作

差分进化算法通过变异算子和交叉算子产生子群体之后，采用一对一选择算子将子个体与相应的父个体进行比较，较优者保存到下一代群体中。对于最小化优化问题其选择算子可以描述为

$$\boldsymbol{X}_i=\begin{cases}\boldsymbol{U}_i, & \text{if}\left(f\left(\boldsymbol{U}_i\right)\leqslant f\left(\boldsymbol{X}_i\right)\right)\\ \boldsymbol{X}_i, & \text{otherwise}\end{cases} \tag{1-13}$$

式中，$f\left(\boldsymbol{X}_i\right)$为个体$\boldsymbol{X}_i$的适应值。因为差分进化算法采用的是一对一竞标赛选择，所以该算法可以保证精英解(elitism)在演化过程中不会丢失。

基本差分进化算法的具体实现步骤如下。

步骤1：随机初始化群体中各个体的位置。

步骤2：计算群体中个体适应度值。

步骤3：对于每个个体，根据变异策略，从种群中选择其他个体向量，进行差分变异操作，得到一个变异个体向量。

步骤4：变异个体向量与父个体向量进行交叉操作形成尝试个体向量。

步骤5：尝试个体向量与父个体向量进行适应值比较，一对一选择操作，将较优者保存到下一代群体中。

步骤6：若没有达到终止条件，则转步骤2。

目前，差分进化算法已经被广泛应用到各个领域，如数据挖掘(Alatas et al., 2008; Das et al., 2008)、模式识别、数字滤波器设计、人工神经网络(Chakraborty, 2008; Feoktistov, 2006; Price et al., 2005)、电磁学(Qing and Lee, 2010；Qing, 2009)等。

1.2.4 模拟退火算法

模拟退火算法(simulated annealing，SA)是通过模拟物理学中固态物质退火的过程来解决一般组合优化问题的一种组合优化智能算法。退火即先将固体加热至融化，再徐徐冷却使之凝固成规整晶体的热力学过程。在对固体进行加热时，随着温度的升高，固体中粒子的热运动越来越剧烈，呈无序状，内能增加；而对物体进行徐徐冷却时，粒子渐趋有序，在每个冷却温度都达到一个平衡态，最后在常温时达到基态，内能最小。在退火过程中，如果温度不是逐渐降低而是急剧降低，则固体会因淬火效应，只能凝固为非均匀的亚稳态，系统的能量也不能达到

最小值。

模拟固体退火这一物理过程，可以设组合优化问题的一个解 X_i 对应固体退火过程中的一个微观状态，组合优化问题的目标函数 $f(X_i)$ 对应固体退火过程中的一个微观状态的能量，将固体退火过程中的温度 T 演化为冷却进度表的控制参数 t，这样就得到了求解组合优化问题的模拟退火算法：由初始解 X_i 和控制参数初值 t 开始，对当前解不断重复“产生新解—计算目标函数差—接收/舍弃”的迭代，这个迭代的过程对应着固体在某一温度下趋于热平衡的过程。逐步衰减控制参数 t 的值，算法终止时的当前解就为所求最优解的近似值。退火过程由冷却进度表控制，其中的控制参数包括初始 t 值及其衰减因子 Δt 、每个 t 值时的迭代次数 L 和停止条件 S。为了避免温度骤降造成的淬火效应，同时为了避免算法陷入局部极值，需要缓慢衰减相关的控制参数，最终使模拟退火算法收敛得到待解决优化问题的全局最优解。

SA 算法的具体过程使用了一种随机搜索策略，使得它不仅能够接受使目标函数值降低的(假设是最小化优化问题)新位置，也可以接受那些使目标函数值增加的位置，能够维持解的多样性。令 P_{ij} 表示点 $\boldsymbol{X}_i$ 移动到 $\boldsymbol{X}_j$ 的概率，则 P_{ij} 的计算方式为

$$P_{ij}=\begin{cases}1, & \text{if}\left(f\left(\boldsymbol{X}_j\right)<f\left(\boldsymbol{X}_i\right)\right)\\ \mathrm{e}^{-\frac{f(\boldsymbol{X}_j)-f(\boldsymbol{X}_i)}{c_b^T}}, & \text{otherwise}\end{cases} \tag{1-14}$$

式中，$c_b^T>0$ 为玻尔兹曼常数；T 为系统温度。

SA 算法的基本步骤如下，其算法流程如图 1-3 所示。

步骤 1：随机初始化备选解，用浮点数向量 $\boldsymbol{X}$ 表示，并设置初始温度。

步骤 2：产生新的解。通过在现有解的基础上加入小的随机改变来实现。例如，对于连续子向量：

$$\boldsymbol{X}(t+1)=\boldsymbol{X}(t)+\boldsymbol{D}(t)\cdot r(t) \tag{1-15}$$

式中，$r(t)\sim U(-1,1)$；$\boldsymbol{D}(t)$ 为一个对角矩阵，定义了每个变量允许的最大变化量。

当一个改进解被发现时，则

$$\boldsymbol{D}(t+1)=(1-\alpha)\cdot\boldsymbol{D}(t)+\alpha\cdot\omega\cdot\boldsymbol{R}(t) \tag{1-16}$$

式中，$\boldsymbol{R}(t)$ 为一个对角矩阵，其对角元素为每个变量改变的大小；α 和 ω 为常数。

步骤 3：计算群体中个体适应度值。

步骤 4：计算接受概率。判断是否接受新的解。

步骤 5：满足终止条件则终止迭代。

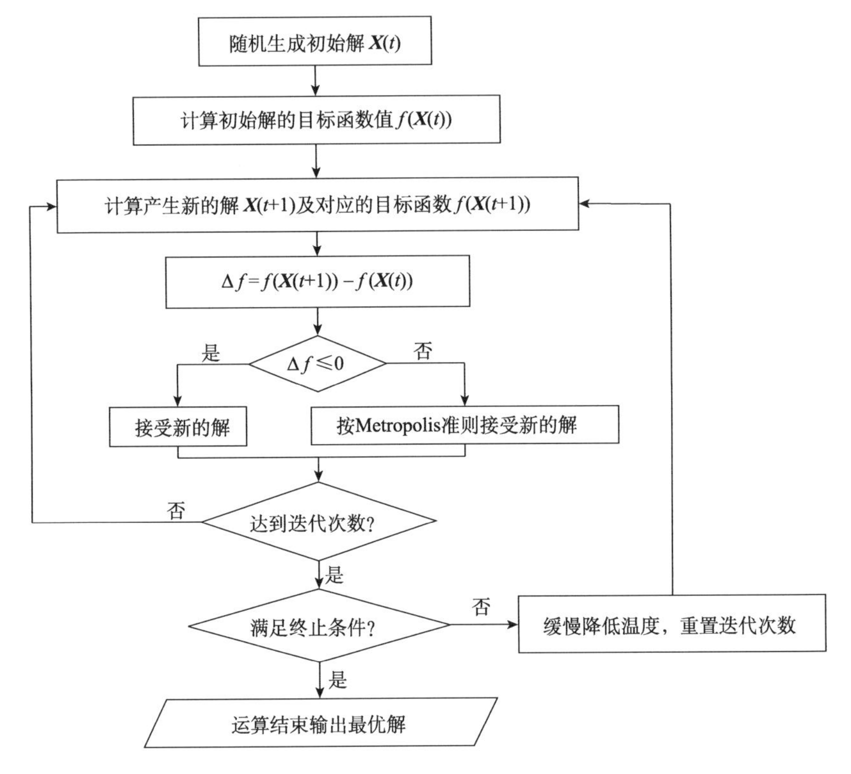

图 1-3　模拟退火算法流程图

1.2.5　化学反应优化算法

化学反应优化算法是一种基于化学反应的新型智能优化算法。化学反应优化算法模拟化学反应中分子之间相互作用，遵循热力学第一、第二定律，寻求系统势能最小化。具体来说，化学反应由分子碰撞引发，碰撞类型包括分子内部碰撞和分子间碰撞。而发生在分子结构间的微小变化称为无效初等反应。此处考虑四种初等反应：单分子无效碰撞、分子间无效碰撞、分解、合成。分解、合成和单分子的无效碰撞、分子间的无效碰撞相比，具有更强的分子结构的变化。

化学反应遵循热力学第一、第二定律，即能量守恒定律和熵变化定律。化学反应系统由化学物质和反应环境组成，每种化学物质都具有势能和动能，反应过程中的中间能量称为缓冲能量。吸热反应是反应物的总能量低于生成物的总能量的化学反应。放热反应是反应前总能量大于反应后总能量的化学反应。两种反应的特征是基于最初缓冲能量，当其为正时，反应是吸热反应；当其为负时，反应是放热反应。熵是表示系统中微观粒子活动混乱程度的热力学函数。势能储存在分子结构中，当它被转化成其他形式时，系统变得更加无序。例如，当分子动能增加时，系统就更加无序，熵增大。因此，所有化学反应趋于势能最低，达到平衡状态。

在化学反应优化中，通过动能、缓冲能量和势能转化来模拟上述过程。即在化学反应的连续并行步骤中，反应物经过过渡状态总会转变成能量最小的更稳定的生成物，即化学反应就是系统势能达到最小的优化过程。

CRO 算法的主要步骤如下。

1. 初始化

首先，初始化算法的设置和对算法参数赋值。在这个阶段，定义分子操作代理，即设置一个分子的参数值，构造初始种群。

2. 迭代

在系统中，分子因为移动而引发碰撞。在有限空间内，一个分子是自我碰撞还是与其他分子碰撞取决于一个随机数 $b \in [0,1]$。当 b 大于限制条件或者此系统只有一个分子时，就会发生单分子碰撞，否则就是分子间碰撞。

对于单分子碰撞，分子发生单分子无效碰撞还是分解取决于选定分子的分解准则。分解准则为：碰撞次数减去最小碰撞次数，大于预先设定的动能损耗率参数α。

当然，其他定义标准的分解准则也是允许的。当满足分解准则时，发生分解反应，否则，发生单分子无效碰撞。

同样的，对于分子间碰撞，两个分子是分子间无效碰撞还是合成取决于选定分子的合成准则。合成准则为：动能小于等于预先设定的参数β。当满足分解准则时，发生合成反应，否则，发生分子间无效碰撞。

由分解准则与合成准则可知，参数α和β可以控制多样化的程度。适当的α和β值平衡着收敛性和多样性。

每一次初等反应之后，都要检查系统是否满足能量守恒定律，若不满足，则此初等反应废除。然后，检查得到的新的解决方案是否是一个更低的目标函数值，若满足，则记录至此的最优解。假如没有满足停止准则，则新的迭代继续进行。

3. 最后阶段

若任意停止准则得到满足，操作终止，系统到达最后阶段。在此阶段，输出最佳的解决方案，终止算法。可根据实际要求和偏好定义停止准则，如 CPU 最大运行时间、函数执行的最大评估数、获得小于预定义阈值的目标函数值、最大迭代执行数等。

CRO 算法的整体流程如图 1-4 所示。

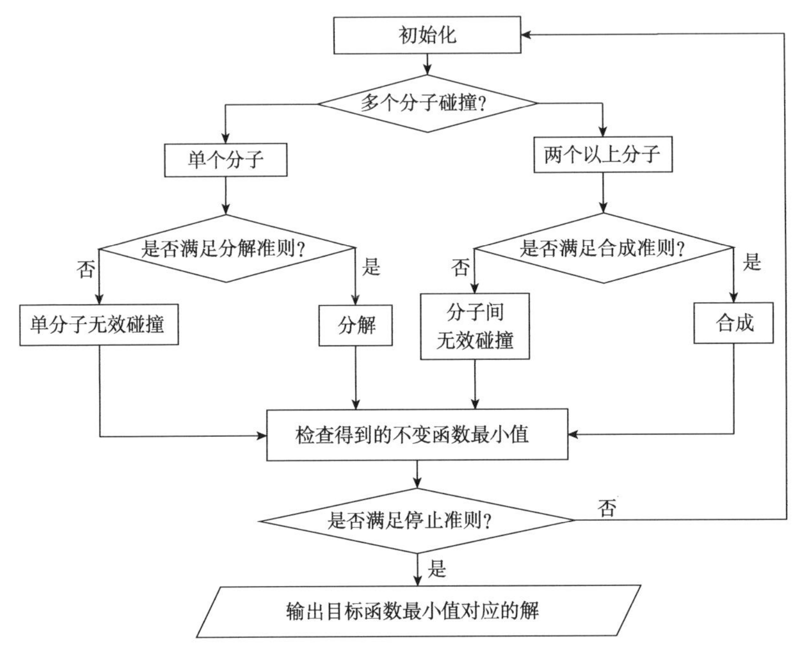

图 1-4　化学反应优化算法流程图

1.3　遥感影像智能处理方法

随着对地观测技术的发展，海量遥感影像不断传输到地面。传统的遥感信息处理方法在处理效率、精度上的不足限制了遥感信息的挖掘及利用，亟需发展智能化方法满足遥感影像处理的需求。智能优化算法拥有全局优化能力，对目标函数的优化能力更强；具有自组织、自学习的特点，能够从遥感数据本身学习，不依赖数据分布等先验信息。因此，智能化遥感信息处理方法能够在海量遥感影像中有效地提取适用于不同应用目的的信息。目前，智能优化算法在遥感影像处理领域的应用，主要包括高维特征降维与优化、影像分割与分类等。

1.3.1　特征优化

为了充分利用遥感影像丰富的地表观测信息，研究者已经提出了包括多种光谱特征、纹理特征描述模型在内的上百种特征描述方法。不同的特征描述方法，能够从不同的角度描述高分辨率遥感影像的数据结构，从而从不同方面刻画地物目标的空间关系和上下文信息。例如，影像的多光谱信息能够直观地反映不同地物的波谱反射率变化。但是，高分辨率遥感影像中细节信息极为丰富，位于局部范围的同种地物的光谱反射率有可能表现出很大的差异。例如，柏油马路上的标志线或者裂缝与普通路面的反射特性大有不同，很可能被分为多种地表物质。此时，单纯利用多光谱信息会造成斑块、错分、漏分等问题。而利用纹理信息对地物特征进行综合描述，可以弥补光谱信息的不足，实现对复杂影像的分析。这些特征为地物目标的描述提供了海量的特征数据集。如何从如此庞杂的特征中实现特征的智能选择和优化，是一个至关重要的问题。

遥感影像特征选择最为直接的方法就是根据经验选取有代表性的特征。张毅等(2014)在结合野外考察的基础上，选取了波段均值、灰度共生矩阵相关性指数等最能代表滑坡的特征作为分类特征。这种方法需要反复试验，不仅费时费力，而且容易受人工经验的干扰，分类精度难以保证。从数学上看，特征选择本质上是一个优化问题，即如何在众多的特征组合中找到一个最优特征组合，也就是最优解。这其中的一个关键问题是如何找到一个较好的搜索算法，能够有效地发现全局最优解。传统的穷举搜索法的主要思想是先列举出所有可能的特征组合，然后通过遍历搜索找到全局最优特征组合。虽然该方法选择的特征较为可靠，但是其计算量随着迭代次数的增加呈指数增加，无法满足高分辨率遥感影像特征选择的实际应用需求。为了降低计算复杂度，研究者先后提出了分支定界、顺序前进、顺序后退等算法，但是这些算法需要预先指定波段数目，无法保证得到的特征子集是最优子集(袁永福, 2014)。

相比于传统的搜索算法，智能优化算法原理简单、搜索速度快、精度高，且具有自适应、自组织等特点，能够较好地发现全局最优。基于这些特性，研究者对智能优化算法，如粒子群算法、遗传算法等在特征选择方面的应用做了大量的研究。从早期 Monteiro 和 Kosugi(2007)基于粒子群算法的波段选择，到后来 Ghamisi 和 Benediktsson(2015)利用混合的遗传算法和粒子群算法实现了对遥感影像的特征选择，智能优化算法通过设计不同的编码方式与目标函数，实现了从特征子集产生、子集评价、迭代优化到特征子集输出的全部过程。相关的仿真实验与应用都证明了智能优化算法能够以较高的效率获取最优特征子集，得到较高的影像分类精度(Ghamisi and Benediktsson, 2015; Ghamisi et al., 2015; 陈汉武等, 2016)。

1.3.2 影像分割

多阈值分割是图像分类的一种基本方法，该方法根据一定的准则在图像的灰度值范围内寻找一组阈值，将像元按照灰度信息划分为不同的目标。常用的多阈值分割方法可以分为最优阈值分割方法和基于属性的阈值分割方法(Ghamisi et al., 2014)。最优阈值分割方法基于图像的灰度直方图，通过优化某一目标函数寻找最优阈值。目前，常用的目标函数包括最 Kapur’s 熵(Kapur et al., 1985)、最大类间方差 Otsu(Otsu, 1975)、最大模糊相似性(Li et al., 1995)、最小贝叶斯误差

(Kittler and Illingworth, 1986) 等，其中，Otsu 和 Kapur's 熵是两种最常使用的方法。但是，研究发现，随着阈值数的增加，传统的多阈值处理方法都面临两个难题：①计算耗时呈指数量级增加；②可能陷入早熟收敛 (Ali et al., 2014; Akay, 2013; Chatterjee et al., 2012a)。

智能优化算法因其自适应、自组织的特性，在处理复杂优化问题时表现出良好的性能，因而吸引了众多研究人员的关注。实验表明，包括 GA、SA、ACO、ABC、DE、PSO、DS 在内的经典算法及其改进算法，在处理一些实际阈值分割时，都能够在合理的时间范围内提供可接受的图像分割结果 (Karaboga, 2005; Dorigo and Gambardella, 1997; Storn and Price, 1997; Kennedy and Kbehhart, 1995; Kirkpatrick, 1984; Otsu, 1975)。不同的算法在分割过程中表现出不同的性能优势：基于 DE 的方法表现出比基于 GA、PSO、ACO 和 SA 算法更好的分割效果；基于 PSO 算法的分割收敛速度明显快于基于 ACO、GA、DE 和 SA 算法的多阈值分割 (Hammouche et al., 2008)；基于 DS 算法的运行时间明显低于基于 DE、GA、PSO、ABC 等算法 (Kurban et al., 2014)。

此外，虽然关注灰度图像分割的工作很多，但在遥感处理方面的工作研究还较少。印度学者 Bhandari 等在该领域先后进行了一些工作，他们先后利用布谷鸟算法、人工蜂群算法、进化算法 (Bhandari et al., 2016a, 2016b, 2015a, 2015b, 2015c, 2014) 等智能计算方法对传统的阈值分割函数进行了优化。例如，在 Bhandari 等 (2015b) 的研究中，改进的 ABC 算法通过对 Otsu、Kapur's 熵、Tsallis 熵函数的优化，实现了对遥感影像进行多阈值分割试验；Bhandari 等 (2014) 利用 CS 与风动算法 (wind driven optimization，WDO) 对 Kapur's 熵函数进行优化，完成影像的多阈值分割。

但是，各种算法本身固有的缺陷削弱了其在处理复杂图像时的表现。例如，PSO 算法虽然收敛迅速，但是开发能力不足，分割精度有待提高 (Beheshti and Shamsuddin, 2014, 2015)；DE 算法的性能严重依赖于参数的选择，针对每一幅测试图进行特征选择是极为耗时也是不现实的 (Qing, 2009)；混合算法在融合不同算法优势的同时也极有可能集成不同算法的劣势，而且往往造成算法计算复杂度增加。因此，设计更为高效的智能优化算法是进一步提高多阈值分割精度与效率的必由之路。

1.3.3　影像分类

遥感图像的分类就是通过太空航拍来研究地球表面的状况，依据各种地物对波谱产生的不同反应来识别地球表面上的各类地貌、物体等。遥感影像本身的特殊性，如影像受到雾霾天气、空气湿度、光照强弱等影响，或者受到“同物异谱”现象、“异物同谱”现象的影响，甚至受到传感器本身的影响，可能就会造成遥感影像的失真、缺失等现象，这些情况都会影响最终的分类结果(蒋芳, 2012)。传统的遥感图像分类方法虽然经典，但是更深入的改进与发展已经受到了局限，与此同时，模式识别和人工智能理论逐步完善，并且在很多领域得到广泛应用(Zhong and Zhang, 2012; 谭琨, 2010)。模式识别和人工智能方法已经产生了很多分类方法，新的智能分类算法逐步引入到了遥感分类中，并且成为遥感领域的研究热点。

以聚类分割为例，包括 PSO、GA、EA、模因算法(memetic algorithm，MA)、后向搜索算法(backtracking search algorithm，BSA)在内的一些智能算法也已经取得了一定的成果(Ma et al., 2015; Atasever et al., 2014; Li et al., 2014; Paoli et al., 2009)。早期的研究致力于对单个聚类指标的优化，例如，van der Merwe 和 Engelbrecht(2003)利用 PSO 对 *K*-均值聚类算法进行优化；Zhong 等(2006)利用人工免疫算法、改进的 EA 算法，对模糊 C 均值聚类算法进行优化。沈泉飞等(2017)提出了一种新的基于布谷鸟算法的智能遥感分类方法。其中，使用布谷鸟智能优化算法，自动搜索遥感影像各波段的最优阈值分割点，并定义各波段最优阈值分割点和影像分类目标类别的连线为布谷鸟的最佳解，构造以 If-Then 形式表达的遥感分类规则，最后将所提出的基于布谷鸟算法的影响分类方法应用到了 ALOS 影像的分类中。这些方法本质上都是为了克服传统聚类指标容易陷入早熟收敛的问题。后来，随着多目标优化技术的发展，研究者开始关注将基于智能优化算法的多目标方法引入遥感影像的聚类分割中。Paoli 等(2009)将多目标粒子群算法(multi-objective particle swarm optimization, MOPSO)应用到了影像聚类中，取得了较单目标聚类更好的效果。但是 MOPSO 算法的局部搜索能力较弱，因而 Ma A 等(2015)将具有较强局部搜索能力，同时兼顾全局搜索能力的 MA 算法应用到高分辨率遥感影像的聚类中，提出了基于 MA 的多目标影像聚类框架，有效提高了影像分类的精度。

在对不同遥感影像分类模型优化方面，国内外的一些专家学者也开展了研究。例如，蒋韬(2013)在深入分析和比较粒子群优化算法和遗传算法的优缺点的基础上，对两个算法进行改进和集成，构成遗传粒子群优化算法。同时，在此模型基础上，引入 *K*-均值聚类算法，建立基于遗传粒子群优化 *K*-均值的图像分类算法，实现了对北京市奥林匹克公园区域近 20 年的土地变化分析。刘小平等(2008)用基于蚁群智能的分类规则挖掘算法(ant-miner)对遥感影像进行分类，并用该方法对比最大似然法和 C5.0 决策树方法对广州市地区进行了实验，实验验证了构建的分类器的有效性。施冬艳(2014)提出了一种内嵌遗传的粒子群算法(genetic algorithm based particle swarm optimizer, GA-PSO)来优化支持向量机(support vector machine, SVM)的混合核参数。在优化混合核参数时，粒子群优化算法加入了遗传算法的交叉和变异特性，实验证明 GA-PSO 能更有效地优化核参数，提高遥感影像分类的正确性。

1.4 小　　结

本章主要介绍了最优化问题的定义、智能优化算法的概况及遥感影像智能处理的方法。首先阐述了最优化问题的概念；然后概述了智能优化算法的主要特性，并举例介绍了 5 种代表性的智能优化算法；最后从特征提取、影像分割和分类三个方面介绍了常用的遥感影像智能处理方法。

第 2 章　万有引力搜索算法

2.1　引力搜索算法

引力搜索算法是在万有引力定律的基础上提出的。万有引力定律指出了物体之间相互作用所遵循的规律：自然界中任何两个有质量的物体都是相互吸引的，并且两两之间引力 F 的大小跟这两个物体的质量 m_1，m_2 成正比，跟它们之间的距离 R 的平方成反比。万有引力数学表达式为

$$F = G\frac{m_1 m_2}{R^2} \tag{2-1}$$

受万有引力定律启发，Rashedi 等(2009)提出了一种新型的智能优化算法——引力搜索算法(gravitational search algorithm, GSA)。GSA 算法基于万有引力定律的原理，规定种群内的粒子个体之间通过万有引力相互吸引，其中质量较小的粒子遵循牛顿第二定律朝着质量较大的个体方向移动。因此，在 GSA 算法中，个体质量被用于评价粒子个体的优劣：如果粒子越靠近最优解，其适应度值越好，则其质量越大。因此，质量最大的个体占据最优位置，吸引其他粒子向其靠拢，最终算法收敛到最优解位置。GSA 算法中，粒子的运动如图 2-1 所示。

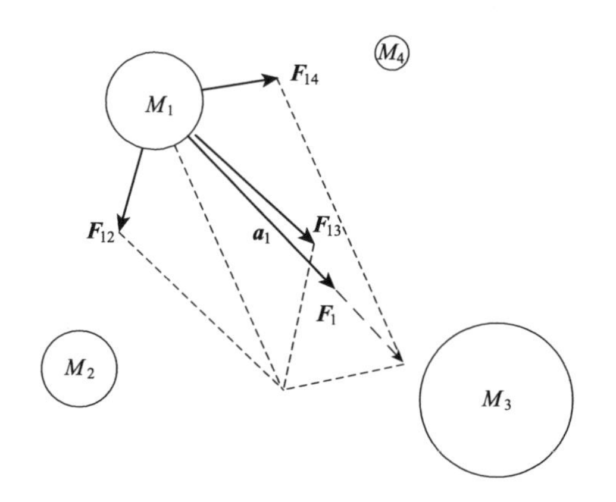

图 2-1　引力搜索算法粒子运动示意图

2.1.1　算法原理与流程

GSA 算法的第一步是种群速度与位置的初始化。设在一个 D 维搜索空间中包

含 N 个粒子，则第 i 个粒子的速度 $\boldsymbol{V}_i=(v_i^1,v_i^2,\cdots,v_i^d,\cdots,v_i^D)$，一般初始化为零，对应的位置为

$$\boldsymbol{X}_i=(x_i^1,x_i^2,\cdots,x_i^d,\cdots,x_i^D)=\text{rand}\cdot(\mathbf{ub}-\mathbf{lb}) \tag{2-2}$$

其中，i=1, 2, ···, N；rand 为[0,1]内的随机数，服从正态分布；x_i^d 为第 i 个粒子在第 d 维度的位置；**ub** 与 **lb** 为 D 维搜索空间的上边界与下边界，表示可行解的搜索范围。

对应每个粒子的位置，可以根据待解决问题的目标函数计算其适应度 fit_i。然后，可以根据适应度值计算粒子的质量：

$$m_i(t)=\frac{\text{fit}_i(t)-\text{worst}(t)}{\text{best}(t)-\text{worst}(t)} \tag{2-3}$$

$$M_i(t)=\frac{m_i(t)}{\sum_{j=1}^{N}m_j(t)} \tag{2-4}$$

式中，$\text{fit}_i(t)$ 为 t 时刻粒子 i 的适应度；$\text{worst}(t)$ 和 $\text{best}(t)$ 为当前种群最差粒子的适应度与最好粒子的适应度。所以，对于最小化问题：

$$\text{best}(t)=\min_{j\in\{1,\cdots,N\}}\text{fit}_j(t) \tag{2-5}$$

$$\text{worst}(t)=\max_{j\in\{1,\cdots,N\}}\text{fit}_j(t) \tag{2-6}$$

得到粒子的速度之后，可以根据万有引力定律计算该时刻粒子 i 受到粒子 j 吸引在第 d 维度产生的引力：

$$F_{ij}^d(t)=G(t)\frac{M_i(t)\times M_j(t)}{R_{ij}(t)+\varepsilon}(x_j^d(t)-x_i^d(t)) \tag{2-7}$$

式中，M_j 和 M_i 分别为粒子 j 和粒子 i 的质量；$G(t)$ 为时间 t 时的万有引力常数值；ε 为一个大于 0 的小常数；R_{ij} 为当前时刻物体 i 和 j 间的欧氏距离：

$$R_{ij}(t)=\left\|X_i(t),X_j(t)\right\|_2 \tag{2-8}$$

基于以上分析可知，粒子 i 受到的引力为种群中其他粒子吸引的合力。在算法设计过程中，为了进一步增加随机特性，粒子所受的合力是各粒子施加引力的随机加权和：

$$F_i^d(t)=\sum_{j=1,j\neq i}^{N}\text{rand}_j F_{ij}^d(t) \tag{2-9}$$

式中，rand_j 为[0, 1]内的随机数。

根据牛顿第二定律，在 t 时刻，粒子 i 在第 d 维度上的加速度 $a_i^d(t)$ 的计算公式为

$$a_i^d(t) = \frac{F_i^d(t)}{M_{ii}(t)} \tag{2-10}$$

式中，M_{ii} 为粒子 i 的惯性质量，为了简化运算，设定 $M_{ii}=M_i$。

因此，粒子的位置与速度变化的计算公式为

$$v_i^d(t+1) = \text{rand}_i \times v_i^d(t) + a_i^d(t) \tag{2-11}$$

$$x_i^d(t+1) = x_i^d(t) + v_i^d(t+1) \tag{2-12}$$

式中，rand_i 为[0, 1]内的均匀随机数。

一个性能优良的智能优化算法，需要在收敛早期进行充分的勘探，确定质量较高的预备解集；而在迭代后期应该对预备解的小范围邻域进行开发，找到全局最优解。分析 GSA 算法可以发现，在 GSA 算法搜索过程中的任意时刻，每个粒子所受的合力都是种群中所有其他粒子对其施加的引力和，这样可能会导致算法过快地收敛到一个次优解，然后在这个解的周围跳跃，难以找到全局最优解。为了解决这一问题，GSA 算法中提出在进化过程中调整构成合力的粒子，将起作用的粒子集合设定为某些特殊的粒子，记为 K_{best}。因此，粒子合力的计算公式调整为

$$F_i^d(t) = \sum\nolimits_{j \in K_{\text{best}}, j \neq i} \text{rand}_j F_{ij}^d(t) \tag{2-13}$$

在 GSA 算法(Rashedi et al., 2009)中，K_{best} 存储的是每次迭代过程中，种群内除去粒子 i 之外适应度值排序在前 K_{best} 个的粒子，粒子数目随着时间的推移逐渐减小。具体来说，在算法的首次迭代中，施加引力的粒子数目初始化为种群大小 N。随着迭代的进行，施加作用的粒子数逐渐减少，在最后一次迭代中，K_{best} 内部粒子数目可能减少到 1。

除 K_{best} 模型外，万有引力常数 G 也是影响算法勘探开发能力的一个重要因素。较大的万有引力常数能够使粒子间保持较大的万有引力，因而可以引导粒子进行较大步长的移动，有益于算法进行搜索空间的勘探。与之相反，较小的万有引力常数可以缩小粒子间的万有引力，从而减小粒子移动的步长，有益于算法进行局部范围的开发。为了适应算法收敛过程，满足智能算法进化早期偏重勘探后期偏重开发的要求，GSA 算法中，设计 t 时刻的万有引力常数 $G(t)$ 的值为

$$G(t) = G_0 \times \exp(-\alpha \times \frac{t}{T_{\max}}) \tag{2-14}$$

式中，G_0 为万有引力常数的初始值，在标准 GSA 算法中设置为 100；α 是引力常数缩减系数，设定为 20。

根据以上分析，算法的整体流程如图 2-2 所示，基本步骤如下。

步骤 1：随机初始化种群 pop。种群中每个粒子的位置为 $\boldsymbol{X}_i$，速度为 $\boldsymbol{V}_i$，设定搜索空间范围是[$\mathbf{lb}$, $\mathbf{ub}$]，粒子运动速度的范围为[$-\boldsymbol{V}_{\max}$, $\boldsymbol{V}_{\max}$]，每次运行的最大

迭代次数是 T_{max}。

步骤 2：计算种群中每一个粒子的适应度值。

步骤 3：更新全局最优粒子的适应度 best(t)、全局最差粒子的适应度 worst(t) 和每个粒子的质量 $M_i(t)$ 。

步骤 4：计算每个粒子不同维度上的合力 $\boldsymbol{F}$ 与粒子的加速度 $\boldsymbol{a}$。

步骤 5：更新种群内每个粒子的速度 V 与位置 $\boldsymbol{X}$。

步骤 6：终止条件判断。判断当前的迭代次数 t 是否达到最大迭代次数 T_{max}，若不是，则返回步骤 2，重复进行迭代；若是，结束搜索过程并输出当前粒子群中的最优适应度函数对应的粒子 $\boldsymbol{X}_i$。

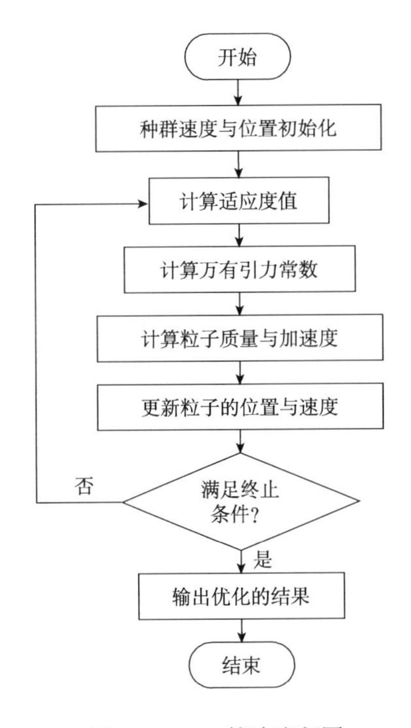

图 2-2　GSA 算法流程图

2.1.2　算法性能验证

为了验证 GSA 算法的有效性，Rashedi 等选取包括 7 个变维度单峰函数、6 个变维度多峰函数和 10 个固定维度多峰函数在内的 23 个标准测试函数进行了测试(Rashedi et al., 2009)。函数表达式、搜索空间($\boldsymbol{S}$)、最优值如表 2-1～表 2-3 所示。

表 2-1　单峰测试函数

测试函数	S	最优值
$F_1(X)=\sum_{i=1}^{D}x_i^2$	$[-100,100]^D$	0
$F_2(X)=\sum_{i=1}^{D}\lvert x_i\rvert+\prod_{i=1}^{D}\lvert x_i\rvert$	$[-10,10]^D$	0
$F_3(X)=\sum_{i=1}^{D}\left(\sum_{j=1}^{i}x_j\right)^2$	$[-100,100]^D$	0
$F_4(X)=\max\{\lvert x_i\rvert,1\leqslant i\leqslant D\}$	$[-100,100]^D$	0
$F_5(X)=\sum_{i=1}^{D-1}[100(x_{i+1}-x_i^2)^2+(x_i-1)^2]$	$[-30,30]^D$	0
$F_6(X)=\sum_{i=1}^{D}([x_i+0.5])^2$	$[-100,100]^D$	0
$F_7(X)=\sum_{i=1}^{D}ix_i^4+random(0,1)$	$[-128,128]^D$	0

表 2-2　多峰测试函数

测试函数	S	最优值
$F_8(X)=\sum_{i=1}^{D}-x_i\sin(\sqrt{\lvert x_i\rvert})$	$[-500,500]^D$	$-418.9829\times D$
$F_9(X)=\sum_{i=1}^{D}[x_i^2-10\cos(2\pi x_i)+10]$	$[-5.12,5.12]^D$	0
$F_{10}(X)=-20\exp(-20\sqrt{\frac{1}{n}\sum_{i=1}^{D}x_i^2})-\exp(\frac{1}{n}\sum_{i=1}^{D}\cos(2\pi x_i))+20+\mathrm{e}$	$[-32,32]^D$	0
$F_{11}(X)=\frac{1}{4000}\sum_{i=1}^{D}x_i^2-\prod_{i=1}^{D}\cos(\frac{x_i}{\sqrt{i}})+1$	$[-600,600]^D$	0
$F_{12}(X)=\frac{\pi}{D}\{10\sin(\pi y_1)+\sum_{i=1}^{D-1}(y_i-1)^2[1+10\sin^2(\pi y_{i+1})]+(y_D-1)^2\}+\sum_{i=1}^{D}\mu(x_i,10,1000,4)$ $y_i=1+\frac{x_i+1}{4}$ $\mu(x_i,a,k,m)=\begin{cases}k(x_i-a)^m & x_i>a\\ 0 & -a<x_i<a\\ k(-x_i-a)^m & x_i<-a\end{cases}$	$[-50,50]^D$	0
$F_{13}(X)=0.1\{\sin^2(3\pi x_1)+\sum_{i=1}^{D}(x_i-1)^2[1+\sin^2(3\pi x_i+1)]+(x_D-1)^2[1+\sin^2(2\pi x_D)]\}+\sum_{i=1}^{D}\mu(x_i,5,100,4)$	$[-50,50]^D$	0

表 2-3　多峰固定维度测试函数

测试函数	S	最优值
$F_{14}(X)=(\frac{1}{500}+\sum_{j=1}^{25}\frac{1}{j+\sum_{i=1}^{2}(x_i-a_{ij})^6})^{-1}$	$[-65.53,65.53]^2$	1
$F_{15}(X)=\sum_{i=1}^{11}[a_i-\frac{x_1(b_i^2+b_ix_2)}{b_i^2+b_ix_3+x_4}]^2$	$[-5,5]^4$	0.0003

续表

测试函数	S	最优值
$F_{16}(X)=4x_1^2-2.1x_1^4+\frac{1}{3}x_1^6+x_1x_2-4x_2^2+4x_2^4$	$[-5,5]^2$	–1.0316
$F_{17}(X)=(x_2-\frac{5.1}{4\pi^2}x_1^2+\frac{5}{\pi}x_1-6)^2+10(1-\frac{1}{8\pi})\cos x_1+10$	$[-5,10]\times[0,15]$	0.398
$F_{18}(X)=[1+(x_1+x_2+1)^2(19-14x_1+3x_1^2-14x_2+6x_1x_2+3x_2^2)]$ $\times[30+(2x_1-3x_2)^2(18-32x_1+12x_1^2+48x_2-36x_1x_2+27x_2^2)]$	$[-5,5]^2$	3
$F_{19}(X)=-\sum_{i=1}^{4}c_i\exp(-\sum_{j=1}^{3}a_{ij}(x_i-p_{ij})^2)$	$[0,1]^3$	–3.86
$F_{20}(X)=-\sum_{i=1}^{4}c_i\exp(-\sum_{j=1}^{6}a_{ij}(x_j-p_{ij})^2)$	$[0,1]^6$	–3.32
$F_{21}(X)=-\sum_{i=1}^{5}[(X-a_i)(X-a_i)^T+c_i]^{-1}$	$[0,10]^4$	–10.1532
$F_{22}(X)=-\sum_{i=1}^{7}[(X-a_i)(X-a_i)^T+c_i]^{-1}$	$[0,10]^4$	10.4028
$F_{23}(X)=-\sum_{i=1}^{10}[(X-a_i)(X-a_i)^T+c_i]^{-1}$	$[0,10]^4$	–10.5363

在表 2-2 和表 2-3 中，F_1～F_7，F_9～F_{13} 的适应度真值是 0，F_8 的适应度真值是–418.9829×D，F_{14}～F_{23} 的真值分别为 1，0.0003，–1.0316，0.398，3，–3.86，–3.32，–10.1532，–10.4028，–10.5326。将 GSA 算法在各函数上的测试结果与经典的实数编码遗传算法(real genetic algorithm, RGA)、粒子群算法(PSO)的测试结果进行了比较。各算法的参数设置与 Rashedi 等(2009)保持一致。为了减小随机性的影响，每个算法在 23 个测试函数上都独立运行 30 次。各算法每次独立运行得到最小适应度值的均值，如表 2-4 所示。

表 2-4　实验结果(F_1～F_{23})

函数	RGA	PSO	GSA
F_1	2.3E+01	1.8E-03	**7.3E-11**
F_2	1.1E+00	2.0E+00	**4.0E-05**
F_3	5.6E+03	4.1E+03	**1.6E+02**
F_4	1.2E+01	8.1E+00	**3.7E-06**
F_5	1.1E+03	3.6E+04	**2.5E+01**
F_6	2.4E+01	1.0E-03	**8.3E-11**
F_7	6.0E-02	4.0E-02	**1.8E-02**
F_8	–1.2E+04	–9.8E+03	–2.8E+03
F_9	**5.9E+00**	5.5E+01	1.5E+01
F_{10}	2.1E+00	9.0E-03	**6.9E-06**
F_{11}	1.2E+00	**1.0E-02**	2.9E-01
F_{12}	5.1E-02	2.9E-01	**1.0E-02**

续表

函数	RGA	PSO	GSA
F_{13}	8.1E-02	3.1E-18	**3.2E-32**
F_{14}	0.9980	0.9980	3.7000
F_{15}	4.0E-03	2.8E-03	8.0E-03
F_{16}	−1.0313	**−1.0316**	**−1.0316**
F_{17}	0.3996	0.3979	0.3979
F_{18}	5.7000	**3.0000**	**3.0000**
F_{19}	−3.8627	−3.8628	−3.7357
F_{20}	−3.3099	−3.2369	−2.0569
F_{21}	−5.6605	−6.6290	−6.0748
F_{22}	−7.3421	−9.1118	−9.3399
F_{23}	−6.2541	−9.7634	−9.4548

从表 2-4 可以看出，在所有的单峰测试函数的优化实验中，GSA 算法都取得了最小的平均适应度值，尤其是在 F_1、F_2、F_4、F_6 函数的优化中，GSA 算法的收敛精度相比于 RGA 与 PSO 算法具有明显的优势。对于多峰测试函数，由于 F_8 函数的局部极小值随搜索空间维度的增长而增加，其优化是非常困难的，测试的三个算法都难以得到可接受的解。在其余 5 个函数中，GSA 算法在其中 3 个函数上表现最佳。而对于固定维度的多峰测试函数，因其解空间维度较低，不同算法得到的解差异不大，PSO 和 GSA 算法在 F_{16} 和 F_{18} 两个函数中均找到了算法的真值。

2.2　引力搜索算法研究进展

2.2.1　GSA 的改进策略

GSA 算法自从提出以来，由于结构简单、易于实施、容易理解，得到了广泛的应用(Gao et al., 2014; Jiang et al., 2014)。但在处理复杂的优化问题时，GSA 算法也存在一些问题：无法很好地平衡种群的勘探与开发，容易陷入局部最优，发生早熟收敛等(Li et al., 2016; Zhang et al., 2016)。近年来，为了提高算法的优化性能，许多研究人员从不同角度对 GSA 提出了不同的改进算法。具体来说，GSA 算法的改进主要分为以下三个方面。

1. 引入新的算子

受天体物理学启发，Sarafrazi 等(2011)提出一种扰动操作策略，在迭代过程中设定一个距离比的阈值，然后计算个体和其最近个体的距离及该个体和当前最优个体的距离的比值。如果该比值小于预先设定的阈值，则认为该粒子陷入了一个局部区域。为了促进算法的进一步搜索，需要对该粒子进行位置扰动。因为该阈值是随着迭代次数的增大而逐渐减小的，所以在迭代早期粒子很少发生扰动，而在迭代后期会较为频繁地发生扰动。显然，这一扰动操作的引入能够提高算法在迭代早期的全局探索能力与后期的局部开发能力。徐遥等(2011)提出采用三角范数中的算子来替换引力计算公式中的乘法算子，并由此构造一个模糊集。算法的设计保证个体所受到的引力大小与三角范数算子的函数值构成正比关系。而在三角范数的各个算子中，越强的算子，其函数值越大；越弱的算子，其函数值越小。因此，不同三角范数算子对算法优化性能的影响程度有差异，通过实验比较发现，部分三角范数算子可以改进基本引力搜索算法的优化性能。随后，Shaw 等(2012)提出基于排斥力的 GSA 算法提高算法的开发能力，并成功应用到电力系统的经济和排放调度问题。Doraghinejad 和 Nezamabadi-Pour(2014)基于物理学中的黑洞理论，提出一种 GSA 的改进算法来克服 GSA 的早熟收敛问题，实验结果表明，基于黑洞的 GSA 算法有效提高了算法勘探与开发能力的平衡。

2. 与其他智能算法的结合

不同的智能优化算法优化机制不同，因而会表现出不同的优化特性。例如，遗传算法具有交叉与变异机制，因而算法具有较强的勘探能力但是局部搜索能力不足(Mathieu et al., 1994)。粒子群算法具有记忆性特性，收敛迅速，能够充分利用粒子的历史搜索信息(Shi, 2001)。利用不同算法的互补性，往往能够有效地提高算法的优化性能，因而将不同的智能算法进行混合已经成为优化算法发展的一种重要方法。

Mirjalili 和 Hashim(2010)将 PSO 算法与 GSA 算法结合，给出一种混合型的引力搜索算法。该算法将全局历史最优粒子保存的历史经验信息引入 GSA 算法中，改进算法的速度更新方式，增强算法开发能力的同时也加速了算法的收敛。并且，实验证实，该方法在对神经网络进行训练时，取得了比原始 GSA 算法更好的效果(Mirjalili et al., 2012)。随后，为了进一步对算法的勘探开发过程进行平衡，Mirjalili and Lewis(2014)提出了自适应的加速系数策略。Gong 等(2016)和 Zhang 等(2015b)将 GA 算法的交叉与变异机制引入 GSA 算法，克服 GSA 算法一旦陷入局部无法跳出机制的缺点，有效克服了 GSA 算法早熟收敛的问题。

3. 参数调整

GSA 算法中需要设定的参数非常少，除去常规的种群大小、迭代次数之外，仅有引力常数初始值 G_0 与引力衰减系数 α 两个参数，但是这两个参数都对 GSA 算法的收敛速度及勘探与开发能力的平衡起着决定性作用。因此，近几年，不少研究者通过提出有效的参数调整策略来提高 GSA 算法的优化性能(Han et al., 2013, 2014)。例如，Li 等(2014)提出了一种基于分段函数的 GSA(PFGSA)，将迭代周期分为三个不同的阶段，在每个阶段，引力常量采用不同的线性递减函数。

Kumar 等(2013)在 GSA 中引入模糊策略调节 G，提出一种模糊动态调节的 GSA(FAGSA)。在标准 GSA 算法中，参数 α 设定为一个常数值，无法体现粒子的进化状态，影响算法的优化性能。为了解决这一问题，Sombra 等(2013)和 González 等(2015)利用了模糊策略调节参数 α。具体地，迭代次数作为模糊操作的输入条件，对应当次迭代的 α 值作为输出。为了避免算法的早熟收敛问题，Zhang 等(2016)引入了双曲线函数代替原有的 α 参数固定值，其中 α 的值根据迭代次数发生改变。并且，González 等(2015)将参数调整后的 GSA 算法应用到模式识别中模块化神经网络的优化中，取得了较标注 GSA 算法更好的实验效果。

此外，也有研究人员开展了基于 GSA 算法的多目标研究。Hassanzadeh 和 Rouhani(2010)第一次将引力搜索算法用于求解多目标优化问题。在该算法中，移动个体的质量设置为 1，存档个体的质量根据在目标空间中该个体与最近邻居的距离进行计算。这种策略能够使得存档个体尽可能地均匀分布，类似于小生境技术的适应度分享方法。移动个体在存档个体的引力作用下，朝 Pareto 最优解的方向进化。之后，Nobahari 等(2012)也提出一种多目标引力搜索算法。这两种算法的实验结果都表明引力搜索算法能够应用于求解多目标优化问题，但优化性能有待进一步提高。在这些研究的基础上，Sun 等(2016a)提出一种基于记忆性与多样性增强的多目标 GSA 算法。该算法将粒子的个体记忆性与种群的全局最优记忆性同时引入多目标 GSA 算法，促使算法进行高效解搜索。在此基础上，为了保证解分布的均匀性，提出了一种多样性增强策略，结合自适应网格策略，获取了质量较高的多目标优化结果。

目前对 GSA 算法的改进，主要是为了弥补算法表现出的不足而引入新的算子或者将其与其他算法融合，并没有对其收敛机制进行深入的分析。如何基于算法的基本原理对算法的学习机制与收敛过程进行深入研究，从而提出精度与效率较高的 GSA 改进算法，是 GSA 下一步研究的重点和难点。

2.2.2 GSA 应用现状

鉴于引力搜索算法的有效性和通用性，它在一些领域得到成功应用。可简单归纳为 PID 参数优化(Duman et al., 2011)、经济负荷分配(Shaw et al., 2012; Affijulla and Chauhan, 2011)、DNA 编码序列设计(Xiao and Cheng, 2011)、网络服务选择问题(Zibanezhad et al., 2011)、系统辨识(Li et al., 2012)、天线阵列综合(Chatterjee et al., 2012a)、关联规则挖掘(Khademolghorani et al., 2011)、石油需求量预测(Behrang et al., 2011)、滤波器建模(Rashedi et al., 2011)、特征选择、聚类分析与图像处理等领域。

1. 特征选择

特征选择是统计学、模式识别和机器学习等领域的一个研究热点问题。其目的是从大规模的样本空间中挖掘出隐藏的、有意义的特征数据，并以此分析和研究事物内在的规律。Papa 等(2011)结合 OPF(optimum-path forest)方法，给出一种基于引力搜索算法的特征选择方法。在该算法中，利用引力搜索算法求出问题的解，并利用 OPF 方法对解所对应的特征子集进行训练。在对多个特征选择的数据测试和与微粒群优化算法的比较中，引力搜索算法都取得了比较满意的结果。Rashedi 和 Nezamabadi-Pour(2014)首次将二进制 GSA 算法应用到特征选择算法中，实现了对 UCI 机器学习数据的特征选择。Zhang 等(2015a)将基于 GA 改进的 GSA 算法应用到高光谱遥感影像的波段选择中，对波段信息进行了有效选择。

2. 聚类分析

聚类分析的研究始于 20 世纪 60 年代，是一个经典的优化问题。聚类是对数据集进行分类，使得类内相似性放大，而类间相似性最小。Hatamlou 等(2012)提出一种求解聚类问题的引力搜索算法，首先对寻优个体随机初始化，然后在引力作用下对问题空间进行搜索；Yin 等(2011)结合 K 均值的方法，给出一种求解聚类问题的混合引力搜索算法；Kumar 等(2014)基于 GSA 算法提出自动聚类方法，并将其应用到图像分割中。

3. 图像处理

Gupta 和 Jain(2014)融合模糊 C 均值与 GSA 算法进行了多阈值图像分割。Han 等(2015)首先利用混沌映射改进了 GSA 算法，然后将算法与 BP 神经网络结合，提出了一种新的图像分割方法。Sun 等(2016b)将混合的遗传算法与引力搜索算法(hybrid genetic algorithm and gravitational search algorithm，GAGSA)运用到灰度图像的多阈值分割中，通过对 Otsu 函数与 Kapur 函数的优化，实现了较高精度的多阈值图像分割。Chao 等(2016)通过优化 Otsu 函数实现了对半导体封装视觉图像的检测。

虽然 GSA 算法已经成功应用到众多领域，但是多数应用都是跟随以往智能优化算法的应用进行方法设计，没有深入分析并构建 GSA 算法与不同应用领域的映射关系，因而算法的推广还有待进一步提高。

2.3 基于斥力的 GSA 改进算法

在原始的 GSA 算法中，粒子在运动过程中受到种群中所有粒子的吸引，包括不利于找到全局最优的粒子的吸引，而且在收敛过程中速度过快，在迭代后期多样性损失较严重，易陷入局部最优。针对这一问题，为了获得较好的搜索结果，在 GSA 搜索过程中引入斥力，即将一部分引力自适应地变为斥力，提出了基于斥力的 GSA 算法(repulsion force based GSA，RFGSA)，从而增加种群的多样性，有利于找到全局最优(王奇琪等, 2015)。

2.3.1 算法原理

1. 斥力的引入

GSA 算法中，粒子之间通过引力相互吸引，粒子运动方式单一，为了增加粒子运动的多样性，引入斥力，可以在适当的时候改变粒子的作用力方向，延缓或者改变粒子的运动方向，从而使粒子能够探索更多的未知区域，增加全局搜索能力。

在种群中引入斥力，需要解决两个问题：一是对哪些粒子引入斥力；二是斥力的大小如何确定。本节通过引入群质心 $\boldsymbol{X}_{\mathrm{cen}}$ 和半径 r 两个参数完成这两个任务。

首先，计算粒子 $\boldsymbol{X}_i$ 到群质心 $\boldsymbol{X}_{\mathrm{cen}}$ 的距离 $d(\boldsymbol{X}_{\mathrm{cen}}, \boldsymbol{X}_i)$：

$$d(\boldsymbol{X}_{\mathrm{cen}}, \boldsymbol{X}_i) = \left|\boldsymbol{X}_i - \boldsymbol{X}_{\mathrm{cen}}\right| \tag{2-15}$$

式中，群质心 $\boldsymbol{X}_{\mathrm{cen}}$ 的计算方式为

$$\boldsymbol{X}_{\mathrm{cen}} = \sum_{i=1}^{N} \boldsymbol{X}_i \cdot M_i \Big/ \sum_{i=1}^{N} M_i \tag{2-16}$$

式中，N 为粒子的个数；$\boldsymbol{X}_i$ 为粒子 i 的坐标；M_i 为粒子 i 的质量。在本算法中，粒子的适应度值被直接赋值为其质量。

然后，比较 $d(\boldsymbol{X}_{\mathrm{cen}}, \boldsymbol{X}_i)$ 和半径 r 的大小，若 $d(\boldsymbol{X}_{\mathrm{cen}}, \boldsymbol{X}_i) < r$，则半径内的粒子对粒子 i 就表现为斥力。落在半径 r 中的粒子越多，斥力越大。

引入斥力后粒子之间的作用力如式(2-17)所示。

$$F_{ij}^{d}(t) = A \times G(t) \frac{M_i(t) \times M_j(t)}{R_{ij}(t) + \varepsilon} (x_j^d(t) - x_i^d(t)) \tag{2-17}$$

当 A 取值为 1 时，粒子之间表现为引力，当 A 取值为–1 时，粒子之间表现为斥力。

2. 半径大小的模糊控制策略

半径 r 的大小直接决定施加斥力的粒子数目，从而影响种群中斥力的大小。为了更好地发挥斥力的作用，需要根据种群进化水平自适应地调整半径大小，所以本小节引入度量种群进化水平的参数 CM，在最小化问题中，CM 计算公式为

$$\mathrm{CM} = \frac{\mathrm{fit}^{\mathrm{ave}}(t-1) - \mathrm{fit}^{\mathrm{ave}}(t)}{\mathrm{fit}^{\mathrm{ave}}(t)} \tag{2-18}$$

式中，$\mathrm{fit}^{\mathrm{ave}}(t)$ 为 t 时刻适应度值的平均值。

CM 为负值，说明 t–1 次迭代结果比 t 次好，表明粒子正朝着不利于找到全局最优值的方向运动，此时应取较大的半径，使施加斥力的粒子数增加，斥力增大，有利于搜索更广泛的区域，找到全局最优；CM 为正值，说明 t 次迭代结果比 t–1 次好，值越大说明 t 次的迭代结果越好，此时应取较小的半径，斥力也相应地较小，有利于粒子缩小搜索范围，更快地完成寻优过程。

具体地说，在算法搜索的初级阶段，粒子的分布范围较广，较大的半径才能

够保证足够的粒子施加斥力，较大的斥力才会对种群产生作用；在迭代后期，粒子已经收敛到了一定的范围，此时半径太大就会使得所有的粒子之间都是斥力，粒子来回震荡，难以收敛。因此，在迭代过程中，根据粒子的集散程度确定半径 r，既可以增加种群的多样性，又能够使得粒子收敛到全局最优值。

所以，本节根据种群进化水平，设计了一个模糊控制器完成半径大小自适应的调整，进而控制斥力的大小，防止算法陷入局部最优和过早收敛。半径 r 的模糊控制见表 2-5。

表 2-5　控制半径 r 的模糊规则

Rule		t	CM		半径 r	斥力
1	If	Low	正	Then	High	增大
2		Medium	正		Medium	减小
3		High	负		Medium	增大
4		High	正		Low	减小

如表 2-5 所示，在控制器中的输入变量为迭代次数 t 和 CM，输出变量为半径 r，如图 2-3 所示。其中，t 为当前迭代次数，$t\in[1,1000]$；CM 的值为正或者负；半径 $r\in[R-2C, R+2C]$，$C=R/8$。在每次迭代时 R(所有粒子到质心的平均距离)的值都会重新计算，因此半径 r 的大小是自适应调整的。R 的计算公式如下：

$$R=\sum\nolimits_{i=1}^{N} d(\boldsymbol{X}_{\text{cen}},\boldsymbol{X}_i)\Big/N \tag{2-19}$$

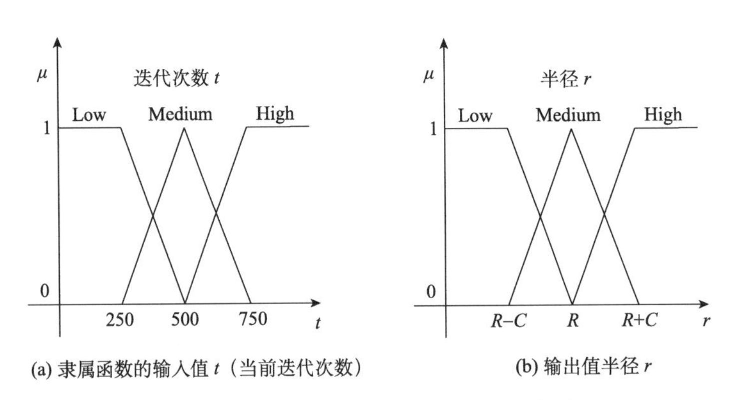

(a) 隶属函数的输入值 t（当前迭代次数）　(b) 输出值半径 r

图 2-3　控制器中的输入变量与输出变量

在表 2-5 中，第一条模糊规则可以描述为：当迭代次数较少，并且 CM 为正值时，增大粒子半径。

当迭代次数较少，并且 CM 为正值时，说明粒子朝着有利于寻找最优值的方向运动，是一种易陷入局部最优而过早收敛的迹象，因此应增加粒子半径，使得半径中产生斥力的粒子增多，改变粒子的运动方向，从而有利于寻找全局最优值。

第二条模糊规则可以描述为：当迭代进行一半左右，并且 CM 为正值时，减小粒子半径。

迭代中期，CM 为正值时，表明粒子正朝着有利于寻找全局最佳的方向运动，因此应减小半径，使得种群中产生斥力的粒子减少，有助于粒子朝着全局最优值的方向运动。

第三条模糊规则可以描述为：当迭代次数较大，并且 CM 为负值时，增大粒子半径。

迭代后期，CM 为负值时，说明在迭代后期粒子还没有找到全局最优值，而且还朝着不利于寻找最优值的方向运动，因此，应该增大粒子半径，增加斥力对当前运动粒子的作用，增加种群的多样性。但是在迭代后期粒子较密集，半径的设置不宜过大，因此选择 Medium。

第四条模糊规则可以描述为：当迭代次数较大，并且 CM 为正值时，减小粒子半径。

迭代后期，CM 为正值时，说明粒子朝着有利于寻找全局最优值的方向运动，应减小半径 r，减小斥力对粒子运动方向的影响，使得粒子能够朝着全局最优值的方向运动，有助于快速的收敛到全局最佳。

上述模糊规则的控制，既能够避免陷入局部最优而过早收敛，又能够保持种群的多样性，有利于寻找全局最优值。

2.3.2　算法流程

RFGSA 算法步骤如下。

步骤 1：初始化种群数目 N，最大迭代次数 $T_{\max}$，并随机初始化粒子的位置和速度。

步骤 2：计算种群中每个粒子的适应度值。

步骤 3：更新引力系数函数 $G(t)$ 、$\text{best}(t)$ 、 $\text{worst}(t)$ 和质量 $M_i(t)$ 。

步骤 4：计算 CM，通过模糊规则得到半径 r 的大小。

步骤 5：计算各粒子到质心的距离，并和 r 进行比较，确定系数 A 的值。

步骤 6：计算每个粒子受到的万有引力 F。

步骤 7：计算粒子加速度和速度，更新粒子的位置。

步骤 8：若满足终止条件则转到步骤 9，否则转到步骤 2。

步骤 9：结束循环，输出结果。

RFGSA 进行迭代的流程如图 2-4 所示。

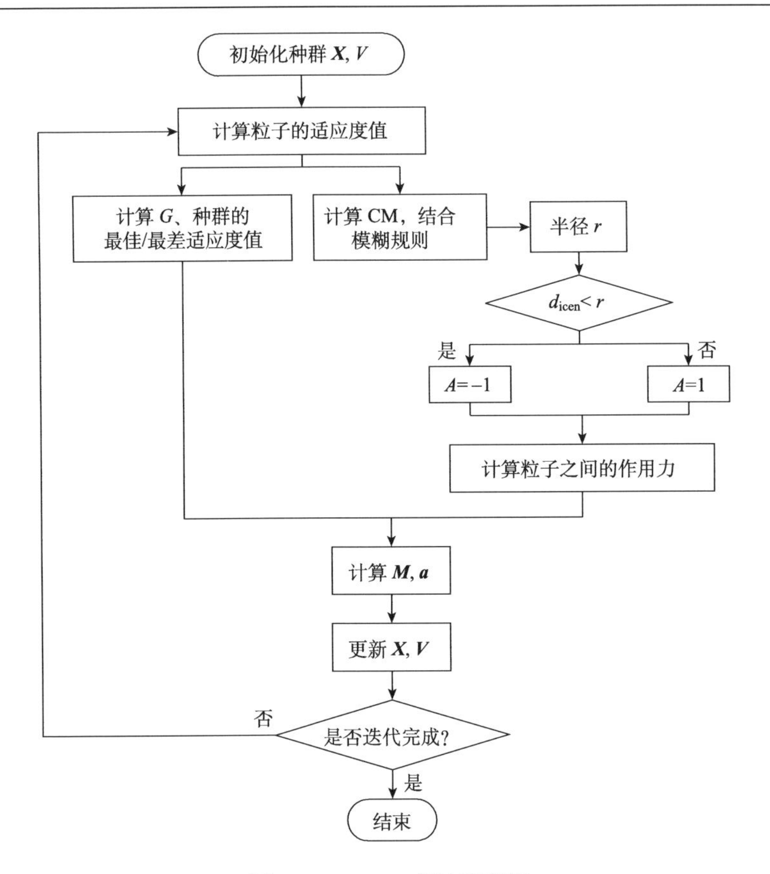

图 2-4　RFGSA 算法流程图

2.3.3　算法的性能验证

为了测试改进算法的性能，选用了 10 个基准测试函数(表 2-6)进行实验，寻找测试函数的最小值。本实验将基于斥力的引力搜索算法(RFGSA)和遗传算法(GA)、粒子群算法(PSO)、原始引力搜索算法(GSA)对基准函数进行优化的结果进行比较分析。在所有情况下，粒子的个数设为 50(N=50)，最大迭代次数设置为 1000(T_{max}=1000)，前 7 个测试函数的维数取 D=30，后 3 个测试函数的维数如表 2-6 中数据所示。遗传算法参数设置为：交叉概率为 0.8，变异概率为 0.2，保留比例为 0.5。粒子群算法参数设置为：$c_1 = c_2 = 2$，惯性权重从 0.9 线性递减为 0.2。在 GSA 和 RFGSA 中，G_0 设置为 100，α 为 20，总迭代次数 T_{max}=1000，G 的计算公式为 $G(t) = G_0 \cdot \mathrm{e}^{-\alpha \frac{t}{T_{max}}}$。采用 GA、PSO、GSA 和 RFGSA 分别对表 2-6 中的测试函数进行优化，实验结果及分析如下。

表 2-6　测试函数

单峰测试函数	S	多峰测试函数	S
$F_1(X)=\sum_{i=1}^{D}x_i^2$	$[-100,100]^D$	$F_6(X)=\frac{1}{4000}\sum_{i=1}^{D}x_i^2-\prod_{i=1}^{D}\cos(\frac{x_i}{\sqrt{i}})+1$	$[-600,600]^D$
$F_2(X)=\sum_{i=1}^{D}(\sum_{j=1}^{i}x_j)^2$	$[-100,100]^D$	$F_7(X)=\frac{\pi}{D}\{10\sin(\pi y_1)+\sum_{i=1}^{D-1}(y_i-1)^2[1+10\sin^2(\pi y_{i+1})]+(y_D-1)^2\}+\sum_{i=1}^{D}\mu(x_i,10,100,4)$	$[-50,50]^D$
$F_3(X)=\sum_{i=1}^{D}([x_i+0.5])^2$	$[-100,100]^D$	$F_8(X)=\sum_{i=1}^{11}[a_i-\frac{x_1(b_i^2+b_ix_2)}{b_i^2+b_ix_3+x_4}]^2$	$[-5,5]^4$
$F_4(X)=\sum_{i=1}^{D}ix_i^4+random(0,1)$	$[-128,128]^D$	$F_9(X)=-\sum_{i=1}^{5}[(X-a_i)(X-a_i)^T+c_i]^{-1}$	$[0,10]^4$
$F_5(X)=\sum_{i=1}^{n}[x_i^2-10\cos(2\pi x_i)+10]$	$[-5.12,5.12]^D$	$F_{10}(X)=-\sum_{i=1}^{10}[(X-a_i)(X-a_i)^T+c_i]^{-1}$	$[0,10]^4$

1. 单峰测试函数

表 2-7 是 GA、PSO、GSA 和 RFGSA 分别对表 2-6 中的单峰测试函数运行 30 次得到的结果。其中，各函数在各个指标上取得的最优值加粗显示。从表 2-6 所示的实验数据中可以看出：对于四个高维的单峰测试函数，RFGSA 的搜索结果明显好于 GA、PSO 和 GSA 的搜索结果。另外，对于单峰测试函数来说，搜索速度是检测算法性能的重要指标。从图 2-5 的收敛图可以看到：RFGSA 在保证找到最好的全局最优的情况下，搜索速度较对比算法更快。

表 2-7　单峰测试函数最小值搜索结果

函数	指标	GA	PSO	GSA	RFGSA
F_1	Average best-so-far	0.1837	0.0288	2.34×10^{-17}	$\mathbf{1.06\times10^{-19}}$
	Median best-so-far	0.0360	0.0292	2.42×10^{-17}	$\mathbf{1.04\times10^{-19}}$
	Average mean fitness	0.1915	0.0288	3.60×10^{-17}	$\mathbf{2.52\times10^{-19}}$
F_2	Average best-so-far	0.3392	7.6982	2.50×10^{2}	$\mathbf{2.83\times10^{-94}}$
	Median best-so-far	0.0734	6.3326	2.33×10^{2}	$\mathbf{2.10\times10^{-96}}$
	Average mean fitness	0.3432	7.6982	2.50×10^{2}	$\mathbf{5.42\times10^{-84}}$
F_3	Average best-so-far	179	**0**	**0**	**0**
	Median best-so-far	166	**0**	**0**	**0**
	Average mean fitness	180	**0**	**0**	**0**
F_4	Average best-so-far	0.0709	0.0015	0.0122	$\mathbf{1.41\times10^{-5}}$
	Median best-so-far	0.0798	0.0010	0.0104	$\mathbf{1.18\times10^{-5}}$
	Average mean fitness	0.5765	0.4861	0.5689	$\mathbf{1.43\times10^{-5}}$

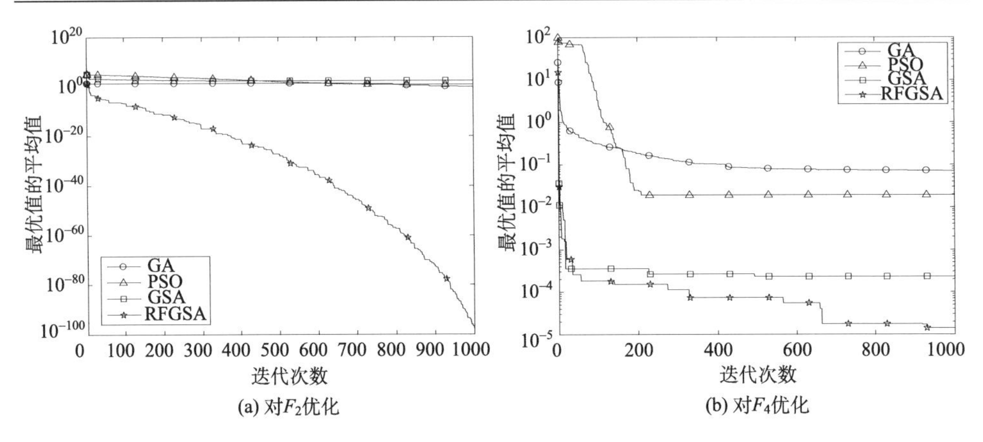

(a) 对F_2优化　　(b) 对F_4优化

图 2-5　GA、PSO、GSA 和 RFGSA 对单峰函数 F_2、F_4 优化过程曲线

2. 多峰测试函数

在表 2-6 的多峰测试函数中，F_5～F_7 为多峰高维测试函数，F_8～F_{10} 为固定维度多峰测试函数。多峰测试函数存在较多的局部最优解，因此优化难度较大，能够得到全局最优解是最重要的。本实验将表 2-6 的多峰测试函数运行 30 次，得到的最优化结果如表 2-8 所示，其中粗体表示最优值。表 2-8 的多峰测试函数的优化结果显示，RFGSA 的优化结果均优于 GA、PSO 和 GSA，其中相比 GSA 的优化结果，RFGSA 将 F_7 的优化精度提高了 16 个数量级，尤其是 F_5 和 F_6，RFGSA 能够在迭代后期跳出局部最优，找到全局最优值 0，收敛曲线如图 2-6 所示。

表 2-8　多峰测试函数最小值搜索结果

函数	指标	GA	PSO	GSA	RFGSA
F_5	Average best-so-far	2.28	20.64	12.44	**0**
	Median best-so-far	3.27	20.23	12.44	**0**
	Average mean fitness	2.31	20.64	12.44	**1.70×10^{-15}**
F_6	Average best-so-far	0.3919	0.5423	0.0840	**0**
	Median best-so-far	0.3110	0.6315	0.0963	**0**
	Average mean fitness	0.4092	0.5669	0.0840	**0**
F_7	Average best-so-far	0.0241	0.6218	2.80×10^{-4}	**6.62×10^{-20}**
	Median best-so-far	0.0024	0.4974	2.67×10^{-4}	**6.54×10^{-20}**
	Average mean fitness	0.0243	0.6218	3.11×10^{-4}	**2.75×10^{-19}**
F_8	Average best-so-far	0.0054	0.1088	0.0011	**3.18×10^{-4}**
	Median best-so-far	0.0034	0.0891	0.0013	**3.15×10^{-4}**
	Average mean fitness	0.0080	0.1087	0.0011	**3.28×10^{-4}**

续表

函数	指标	GA	PSO	GSA	RFGSA
F_9	Average best-so-far	−5.9463	−7.1546	−6.4180	**−10.1532**
	Median best-so-far	−5.0552	**−10.1532**	−6.4180	**−10.1532**
	Average mean fitness	−4.4191	−7.1546	−6.4180	**−10.1532**
F_{10}	Average best-so-far	−7.3686	−7.9812	**−10.5364**	**−10.5364**
	Median best-so-far	**−10.5364**	**−10.5364**	**−10.5364**	**−10.5364**
	Average mean fitness	−7.3686	−7.9812	**−10.5364**	**−10.5364**

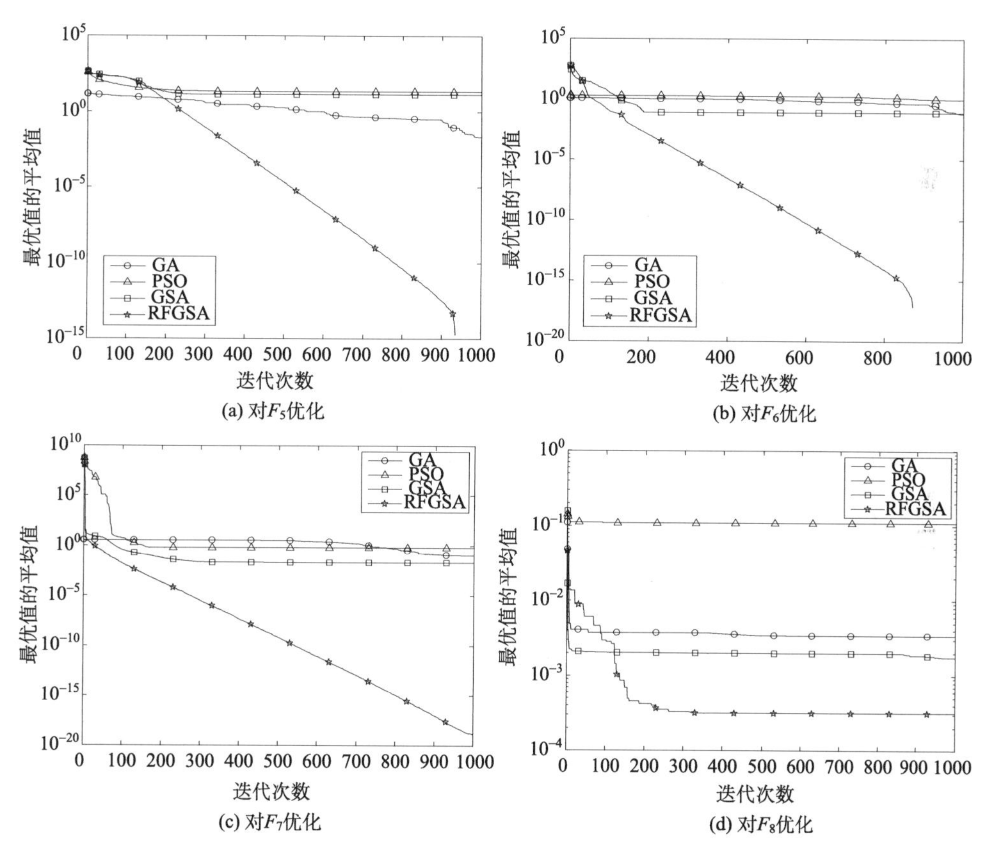

图 2-6　GA、PSO、GSA 和 RFGSA 对多峰函数 F_5～F_8 优化过程曲线

2.4　混合 PSOGSA 算法

与引力搜索算法类似，粒子群算法也属于元启发式搜索算法，同样具备智能优化算法的随机性、元启发性等特点。但是两者也有着本质的不同：在粒子群算

法的迭代过程中，粒子位置的更新利用了以往搜索过程中的全局记忆信息——gbest，而引力搜索算法在完成一次迭代后，上一次迭代中的信息全部被丢弃，粒子位置的更新仅受万有引力合力方向的引导。所以，Mirjalili 等(2010，2014b)将粒子群算法的记忆性引入引力搜索算法中，提出了一种基于粒子群优化的引力搜索算法，即混合粒子群引力搜索算法(particle swarm optimizer based gravitational search algorithm, PSOGSA)算法。

2.4.1 算法原理

在 GSA 算法的迭代更新过程中，每个粒子的速度与位置改变，只受本身及其他粒子当前位置信息的影响，而以往的位置信息全部被舍弃。也就是说，引力搜索算法是一种缺乏记忆性的算法。这一更新方式导致的后果是，当粒子运动到最优解或者比较接近最优解时，粒子的速度可能会很大，所以其步长也就可能很大。这种情况必然会导致粒子在靠近最优解时发生震荡效应，搜索反复进行，但是不能找到最优解，即搜索精度难以提高。

在 PSOGSA 算法中，粒子群算法的记忆特性被引入 GSA 算法，克服了引力搜索算法缺失记忆性的问题，增强了引力搜索算法中粒子之间的信息交流、提高了引力搜索算法寻优过程中勘探与开发的能力。具体的操作是，将记忆粒子 pbest 与 gbest 引入 GSA 的速度、位置更新公式，得到具有记忆性的更新公式：

$$v_i^d(t+1) = w \cdot v_i^d(t) + c_1 \cdot \text{rand} \cdot a_i^d(t) + c_2 \cdot \text{rand} \cdot (\text{gbest}_i^d(t) - x_i^d(t)) \tag{2-20}$$

$$x_i^d(t+1) = x_i^d(t) + v_i^d(t+1) \tag{2-21}$$

式中，rand 为范围在[0, 1]内的相互独立的随机数列。

如式(2-20)与式(2-21)所示，在 PSOGSA 算法中，粒子的移动是两种粒子共同作用的结果：一是粒子种群的历史最优值 **gbest**，二是种群内其他所有粒子的合力。**gbest** 粒子的引入，使得 PSOGSA 能够有效利用算法的历史信息，克服引力搜索算法没有记忆性的缺点。并且，其基于位置差分的引导作用，避免了收敛后期的震荡现象，有效地加速了算法的收敛，也兼顾了算法的勘探与开发能力。

2.4.2 算法流程

PSOGSA 算法的具体操作步骤如下。

步骤 1：随机初始化大小为 N 的种群，包括粒子的速度与位置初始化，权重系数 w 的变化范围，协调因子 c_1、c_2 的取值，以及最大迭代次数 $T_{\max}$。

步骤 2：计算种群中每一个粒子的适应度值。

步骤 3：将适应度函数最优的粒子赋给全局最优粒子 **gbest**。

步骤 4：更新全局最优粒子的适应度 best(t)、全局最差粒子的适应度 worst(t)

和每个粒子的质量 $M_i(t)$ 。

步骤 5：计算每个粒子不同维度上的合力 $\boldsymbol{F}$、加速度 $\boldsymbol{a}$。

步骤 6：更新种群内每个粒子的速度 $\boldsymbol{V}$ 与位置 $\boldsymbol{X}$。

步骤 7：终止条件判断。判断当前的迭代次数 t 是否达到最大迭代次数，若不是，则返回步骤 2，重复进行迭代；若已达到，结束搜索过程并输出当前粒子群中的最优适应度函数对应的粒子 $\boldsymbol{X}_i$ 。

2.4.3　算法的性能验证

选用 2.1.2 节介绍的 23 个标准测试函数，验证 PSOGSA 优化单峰高维函数、多峰高维函数及固定维的多峰函数三种不同特点函数的有效性。本小节将 PSOGSA 算法的优化效果与原始的 PSO 算法及 GSA 算法进行了比较。在三个智能优化算法的所有实验中，种群大小 N 都设定为 50，维度 D 为 30，最大迭代次数为 1000。各算法参数的设置与 Rashedi 等(2009)保持一致。

为了测试新算法的寻优精度、稳定性、收敛效率，对于每个函数，每种算法都要单独运行 30 次，实验结果如表 2-9 所示。表中均值表示 30 次独立运行得到的 30 个最终结构的平均值，最优值表示 30 次独立运行得到的最佳收敛结果。

表 2-9　三种算法的对比结果

函数	PSO		GSA		PSOGSA	
	均值	最优值	均值	最优值	均值	最优值
F_1	2.83E-04	8.75E-06	1.19E-16	7.92E-17	**6.66E-19**	**4.91E-19**
F_2	5.50E-03	7.07E-06	4.77E-08	4.17E-08	**3.79E-09**	**3.18E-09**
F_3	5.19E+03	1.91E+03	734.566	297.666	**409.936**	**43.2038**
F_4	4.38E-07	2.41E-08	1.47E-02	9.72E-09	**3.37E-10**	**2.96E-10**
F_5	201.665	**15.5933**	**35.0076**	26.2566	56.2952	22.4221
F_6	4.96E+00	4.51E+00	1.67E-16	8.17E-17	**7.40E-19**	**5.76E-19**
F_7	2.60E-01	1.05E-01	4.58E-01	8.07E-02	**5.09E-02**	**2.77E-02**
F_8	−5909.47	7802.34	−2437.52	−3127.8	**−12213.7**	**−12569**
F_9	72.9581	55.7182	31.1185	24.1444	**22.6777**	**19.1371**
F_{10}	4.85E-10	**2.48E-12**	7.66E-09	5.57E-09	**6.68E-12**	5.97E-12
F_{11}	5.43E-03	9.96E-07	6.98E+00	3.96E+00	**1.48E-03**	**1.11E-16**
F_{12}	2.29E+00	**1.06E-01**	**1.95E-01**	**1.06E-01**	2.34E+01	6.43E+00
F_{13}	**8.97E-02**	**1.10E-02**	3.30E-03	**1.10E-02**	7.78E-19	7.87E-19
F_{14}	**0.998**	**0.998**	3.14	1.0003	1.49	**0.998**
F_{15}	1.04E-03	9.77E-04	5.33E-03	2.50E-03	**8.56E-04**	**3.07E-04**
F_{16}	**−1.0316**	**−1.0316**	**−1.0316**	**−1.0316**	**−1.0316**	**−1.0316**
F_{17}	**39.79**	**39.79**	**39.79**	**39.79**	**39.79**	**39.79**

续表

函数	PSO		GSA		PSOGSA	
	均值	最优值	均值	最优值	均值	最优值
F_{18}	**3**	**3**	**3**	**3**	**3**	**3**
F_{19}	**−3.8628**	**−3.8628**	−3.8625	−3.86019	**−3.8628**	**−3.8628**
F_{20}	−1.60048	**−2.9587**	**−1.65077**	−2.2641	−8.92E-01	−2.6375
F_{21}	−6.5752	**−10.1532**	−3.66413	−5.0552	**−7.25959**	**−10.1532**
F_{22}	−8.05697	**−10.4029**	**−10.4028**	**−10.4029**	−7.53978	**−10.4029**
F_{23}	−7.33602	**−10.5364**	**−10.5363**	**−10.5364**	−7.52233	**−10.5364**

分析表 2-9 可以发现，在绝大部分函数中，PSOGSA 算法取得了优于另外两种算法的寻优精度，尤其是在函数 F_1～F_4、函数 F_6～F_{11} 中表现出了明显优势。虽然在函数 F_5 中的优化效果不是最优的，但是也取得了与 PSO 和 GSA 算法相当的结果。

2.5　基于参数调节的 GSA 改进算法

在 GSA 算法中，有许多重要的参数影响着算法的优化性能。其中引力衰减因子 α 作为一个负指数，较大程度地决定着引力常量 G 的大小，进而影响着种群中每个粒子所受到的引力的大小。因此，通过调节参数 α 的大小可以改变粒子的加速度，粒子具有更多的机会搜索不同的区域，发现更多优秀解。Sombra 等(2013)提出了一种使用模糊逻辑方法动态地调节参数 α 大小的策略(fuzzy method based α adjust strategy, FSα)。

2.5.1　算法改进策略

为了更好地平衡算法的勘探与开发，在迭代的前期需要设置小的 α 以获取较大的引力常量 G，进而得到较高的引力和加速度来更大范围地勘探搜索空间。在迭代后期，须提高 α 以得到较小 G 值，实现对迭代后期收敛区域的精细搜索、提高收敛精度。为了实现这一目标，文献(González et al., 2015; Sombra et al., 2013)中引入模糊逻辑系统。这一模糊逻辑系统使用当前的迭代次数占总的迭代次数的比例(即当前迭代次数/算法最大允许迭代次数，范围为 0%～100%)作为输入变量，参数 α 作为输出变量。

在提出的模糊系统中，输入变量，即迭代次数，被转化到三个模糊集合：低(Low)[−0.5 0 0.5]、中(Median)[0 0.5 1]和高(High)[0.5 1 1.5]。其中隶属度函数采用三角型函数，范围为[0，1]，如图 2-7 所示。

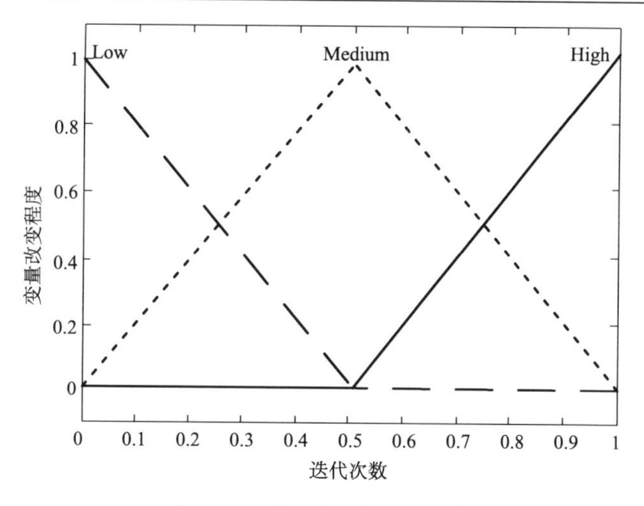

图 2-7　模糊系统的输入集合

输出变量参数α转化到三个模糊集合：低[–50 0 50]、中[0 50 100]和高[50 100 150](图 2-8)。尽管设定的α的范围中最小值为–50，最大值为 150，但 Rashedi 等(2009)只保留了其中正值的取值范围，目的是提供更广的α调节范围。隶属度函数同样采用三角型函数。

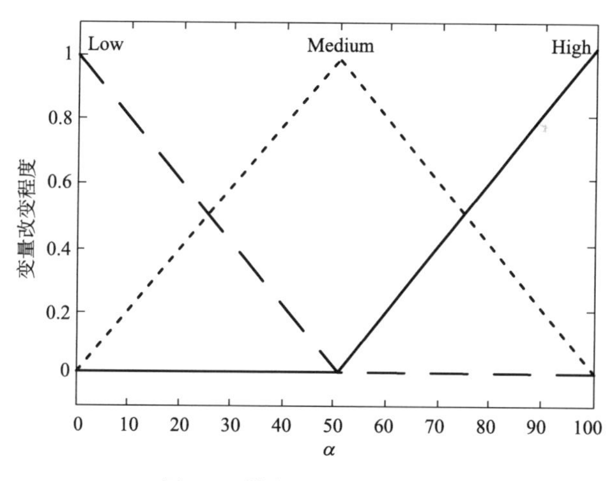

图 2-8　模糊系统的输出集合

基于以上模糊系统，FSα算法的判别规则如下。

(1) if(迭代次数为低) then(α为低)。

(2) if(迭代次数为中) then(α为中)。

(3) if(迭代次数为高) then(α为高)。

这样，如图 2-9 所示，α随着迭代的进行逐渐增大。在迭代的前期，α较小，可以得到更大的加速度，提高算法的勘探能力；在迭代后期，输出较大的α，因此可以较小粒子所受的引力大小获得较小的加速度，提高算法的开发能力。这样的 GSA 改进算法被称为 FSα (Increase)算法。

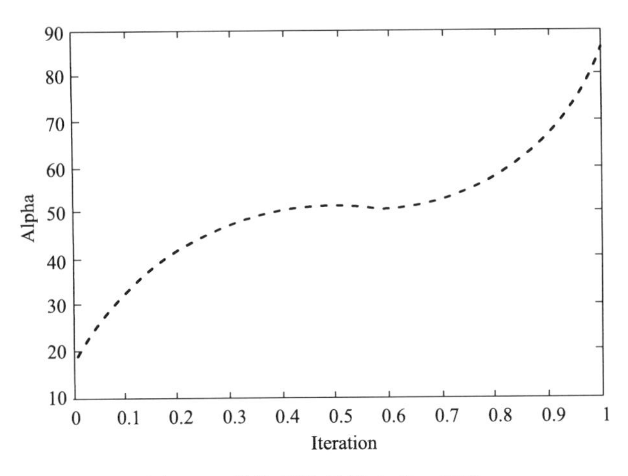

图 2-9　模糊系统的输出值α变化

类似地，改变模糊系统的判别规则，使α随着迭代次数增加而逐渐减小，则该算法被定义为 FSα (Decrement)，其判别规则如下。

(1) if(迭代次数为低) then(α为高)。

(2) if(迭代次数为中) then(α为中)。

(3) if(迭代次数为高) then(α为低)。

因此，在 FSα (Decrement)算法中，α在迭代的前期较大，能够促进算法的快速收敛，而在迭代后期较小，能够更为细致地进行局部开发，获得准确度更高的解。

2.5.2　算法流程

相比于原始的 GSA 算法，FSα算法的流程是在粒子迭代收敛的过程中引入了模糊调整的策略，根据迭代程度，对参数α的值进行不断地调整。算法流程如下。

步骤 1：初始化粒子群的速度与位置。

步骤 2：计算每个粒子的适应度值。

步骤 3：根据当前迭代次数与最大迭代次数的比值，输入模糊系统，计算当前α的值。

步骤 4：更新万有引力常数 G。

步骤 5：选择适应度值最佳与最差的粒子，并记录其适应度值。

步骤 6：计算每个粒子的质量与加速度。

步骤 7：更新粒子的速度与位置。

步骤 8：判断算法是否满足迭代停止的条件，满足则终止循环，输出当前适应度最佳的粒子，即为算法最优解；否则，返回步骤 2 继续循环迭代。

2.5.3 算法的性能验证

为了比较不同模糊系统的性能，本节采用算法领域中典型的 15 个测试函数作为标准(Yao et al., 1999)，对比分析了 FSα (Increase)和 FSα (Decrement)的寻优特点。此时所有算法采用相同的种群大小 N=50，最大迭代次数设为 1000，函数维度为 30，G_0=100，$\alpha=20$。对于每个测试函数，每种算法独立运行 30 次，记录并统计对比算法获得的平均值。三种算法的实验结果如表 2-10 所示。

表 2-10　三种算法的实验结果

Function	GSA	FSα (Increase)	FSα (Decrement)
1	7.3×10^{-11}	8.8518×10^{-34}	218.4975
2	4.03×10^{-5}	1.1564×10^{-10}	0.1463
3	0.16×10^{3}	468.4431	1.1337×10^{3}
4	3.7×10^{-6}	0.0912	9.2980
5	25.16	61.2473	629.4022
6	8.3×10^{-11}	0.1000	376.3333
7	0.018	0.0262	0.0507
8	-2.8×10^{3}	-2.6792×10^{3}	-2.7424×10^{3}
9	15.32	17.1796	18.6389
10	6.9×10^{-6}	6.3357×10^{-15}	0.1154
11	0.29	4.9343	157.6756
12	0.01	0.1103	2.6303
13	3.2×10^{-32}	0.0581	18.9296
14	3.70	2.8274	4.8556
15	8.0×10^{-3}	0.0042	0.0051

从表 2-10 中的实验结果可以明显看出，在部分测试函数上，模糊逻辑系统的引入提高了引力搜索算法的优化性能。从平均值这一指标，对 GSA、FSα (Increase) 和 FSα (Decrement) 进行比较，可以得到以下结论：对于函数 F_1,F_2,F_{10},F_{14} 和 F_{15} 而言，FSα (Increase)获得了最好的优化结果，结果远优于 GSA 和 FSα (Decrement)。对于函数 F_8 而言，两者的求解结果均不够理想，相对来说，FSα (Increase)的效果更好。

对于两种基于模糊逻辑的 GSA 算法，设置参数 α 取值随迭代次数递增策略的 FSα (Increase) 效果更好些，而 FSα (Decrement) 实验结果比基本 GSA 算法差。这主要是因为迭代前期较大的 α 使得粒子无法很好地探索搜索空间，算法在迭代前期就发生早熟收敛，陷入局部最优，即 α 递减策略无法调节算法勘探与开发的平衡。相反，在 FSα (Increase) 算法中，α 随迭代逐渐增加，在算法运行初期，粒子的加速度大，有利于全局搜索，对解空间进行更加全面的搜索，发现更多的未知区域；而在算法后期，粒子加速度变小，有利于局部开发，对已知区域进行更为精细的搜索，获得质量更好的新解。

因此，就总体情况而言，随着迭代次数改变参数 α 的大小，可以使算法得到更好的收敛性能。虽然在大部分测试函数上，GSA 保持更好的优化结果，但是在部分测试函数上，基于模糊逻辑系统的 α 递增策略显著地提高了搜索解的精度，证明了模糊逻辑系统在 GSA 算法上应用的可行性。

2.6 小　　结

本章从万有引力模型入手，对引力搜索算法进行了深入的分析与探讨。通过分析其研究进展，将 GSA 算法的改进策略分成三个主要的方面：引入新策略的 GSA 改进算法、混合其他智能算法的 GSA 改进算法与考虑参数调节的 GSA 改进算法，并分别举例进行了典型算法的分析与介绍，通过丰富的实验，从不同侧面验证了不同 GSA 改进算法的优化性能与特点。

第 3 章　生物地理学优化算法

3.1　基本生物地理学优化算法

3.1.1　算法的基本思想

生物地理科学是一门研究生物种群在栖息地的分布、迁移和灭绝规律的科学。生物地理学由 Wallace(1958)与 Darwin 和 Beer(1947)于 19 世纪提出，在 20 世纪 60 年代逐渐完善，形成了一门独立的学科(Arthur, 1967)，目前已经提出了众多种群分布、迁移和灭绝的数学模型。这些规律和数学模型为构建优化算法提供了新的理念和发展动力。

美国学者 Dan Simon 于 2008 年在 IEEE Transactions on Evolutionary Computation 提出了生物地理学优化(biogeography-based optimization, BBO)算法。该算法是一种受生物地理学理论启发的基于群智能的优化算法，并成功应用于函数优化和航空发动机健康评估问题(Simon, 2008)。BBO 算法模拟栖息地之间的物种迁移机制实现寻优过程。

如图 3-1 所示，在自然界中，生物种群生活在不同的栖息地上(Hanski et al., 1997)。其中，每个栖息地都有一个栖息地适宜度指数(habitat suitability index，HSI)衡量栖息地的好坏(Wesche et al., 1987)。适宜度指数 HSI 受多种因素的影响，如降雨量、植被多样性、地质多样性和气候变化等，这些特征变量组合在一起构成了一个描述栖息地的适应度向量 SIV(suitable index vector，SIV)，其中的每一个适应度变量称为 SIVs(suitable index variables)。

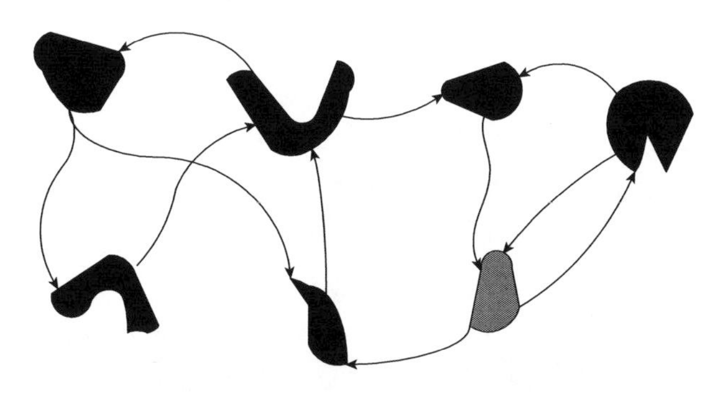

图 3-1　BBO 算法中的多个栖息地

HSI 是影响栖息地种群分布和迁移的重要因素之一。栖息地的迁入率和迁出率可以描述 HSI 如何影响种群迁移和分布。适合生物物种生存和繁衍的栖息地具有较高的 HSI，趋向于荷载数量较大的种群，而不适合生物物种生存的栖息地的 HSI 较低，能容纳种群数量较少。但是，较高 HSI 的栖息地伴随迁入种群数量的增多，栖息地容纳的种群数量趋于饱和，栖息地迁入率降低，迁出率增高，该栖息地的部分种群会迁移到附近的栖息地，以增加个体拥有的单位资源。具有较低 HSI 的栖息地其种群数量稀疏，因此生物种群迁入率较高。由于栖息地的 HSI 与生物多样性成正比，因此新种群的迁入使得该栖息地的 HSI 提高。如果该栖息地的 HSI 仍较低，则居住此栖息地的生物种群会趋于灭绝，或寻找另外的栖息地。可以看出，低 HSI 的栖息地的生物种群比高 HSI 栖息地的生物种群分布具有更加复杂的动态变化。

生物地理学也是研究生物种群的自然分配机制的科学。这种自然调节方法也可以用于解决工程问题。用生物地理学的分配机制构建的 BBO 算法，解决优化问题主要依赖以下三方面。

(1)栖息地的特征向量 SIV 对应优化问题的解。其中的栖息地的降雨量、植被的多样性、地质的多样性和气候等因素，相当于优化问题解向量的分量；栖息地的适宜度指数(HSI)是对适宜度的向量 SIV 优劣的度量值，对应于优化问题的度量函数值。好的解决方案对应具有较高 HSI 值的栖息地，反之亦然。

(2)栖息地的迁入和迁出机制对应优化算法中的信息交互机制。高 HSI 解决方案以一定的迁出率进行相应操作，将信息共享给低 HSI 解决方案。低 HSI 解决方案从高 HSI 解决方案接受许多新的特征，这些额外的新特征可以提高低 HSI 解决方案的质量。若栖息地高 HSI 使得该栖息地种群数量增多，则调低迁入率、调高迁出率。

(3)BBO 算法能够根据栖息地容纳种群数量的不同，计算相应的突变率，对栖息地进行突变操作，使得算法具备较强的自适应能力。

3.1.2 算法的模型

在 BBO 算法中，每个栖息地对应一个优化问题的候选解：$\boldsymbol{X}_i = [X_i^1, X_i^2, \cdots, X_i^D]$，$i \in \{1, 2, \cdots, N\}$，其中，$N$ 为解的个数，D 为解的维度。适合物种生存的栖息地具有高的适应度指数 HSI。因此，一个优秀的解对应于高适宜度指数 HSI 的栖息地，一个较差的解对应于低适宜度指数 HSI 的栖息地，每一个候选解都有与之相对应的迁入率和迁出率。优秀的解具有较高的迁出率和较低的迁入率，倾向于同其他解分享自己的优良特征；而较差的解具有较低的迁出率和较高的迁入率，更倾向于接受其他优秀解的特征。BBO 算法中每个栖息地 $\boldsymbol{X}_i$ 的迁入率 λ_i 和迁出率 μ_i 可以由以下公式计算得到：

$$\lambda_i = I \times \left(1 - \frac{s_i}{s_{\max}}\right) \tag{3-1}$$

$$\mu_i = \frac{s_i}{s_{\max}} \times E \tag{3-2}$$

式中，I 和 E 分别为最大迁入率和迁出率；s_i 为栖息地 $\boldsymbol{X}_i$ 的物种数量；$s_{\max}$ 为每个栖息地可容纳的最大物种数量。

BBO 算法通过迁移操作实现栖息地之间的信息交换，进而对解空间进行广域搜索。对于每个栖息地，首先根据迁入率 λ_i 确定需要进行迁移的栖息地 $\boldsymbol{X}_i$，具体操作是随机产生(0,1)内的随机数，若小于迁入率 λ_i，则栖息地 $\boldsymbol{X}_i$ 为待迁入栖息地。然后对 $\boldsymbol{X}_i$ 的每一维，确定与之进行迁移的栖息地，其具体操作为在余下的 $N-1$ 个栖息地中，依照它们迁出率 μ_i 的大小通过“轮盘赌”策略选取满足条件的迁出栖息地 $\boldsymbol{X}_j$，最后用 $\boldsymbol{X}_j$ 这一维的解变量替换原来栖息地 $\boldsymbol{X}_i$ 的解变量。

在自然界中，由于一些无法控制的原因，如传染病和火山爆发等灾难性事件的发生，会造成栖息地原有物种趋于灭绝、物种大量流入的现象，使得栖息地的生态环境在短时间内发生剧烈变化，种群数量脱离平衡状态。

在 BBO 算法中通过变异操作模拟自然界中的突变现象，由迁入率 λ_i 和迁出率 μ_i 可确定栖息地 $\boldsymbol{X}_i$ 的物种概率：

$$P_i = \begin{cases} -(\lambda_i + \mu_i)P_i + \mu_{i+1}P_{i+1}, & S_i = 0 \\ -(\lambda_i + \mu_i)P_i + \lambda_{i-1}P_{i-1} + \mu_{i+1}P_{i+1}, & 1 \leqslant S_i \leqslant S_{\max} - 1 \\ -(\lambda_i + \mu_i)P_i + \lambda_{i-1}P_{i-1}, & S_i = S_{\max} \end{cases} \tag{3-3}$$

由生物地理学的基本原理(Simon, 2008)可知，突变概率大小与该栖息地的种群数量概率成反比，故栖息地的变异概率为

$$m_i = m_{\max} \times \left(\frac{1 - P_i}{P_{\max}}\right) \tag{3-4}$$

式中，$m_{\max}$ 为初始变异率；$P_{\max}$ 为所有物种数量概率的最大值。

变异操作中，对于每一个栖息地，若随机产生(0,1)内的随机数小于变异率 m_i，则 $\boldsymbol{X}_i$ 需要进行变异，在 $\boldsymbol{X}_i$ 的每一维解变量中，随机产生一个取值范围内的数来替换原来的解变量。变异算子可以使栖息地的一个或多个解分量发生变化，增加种群的多样性。

3.1.3　算法的流程

生物地理学优化算法的具体流程如下。

步骤 1：初始化 BBO 算法参数，包括栖息地数量、优化问题的维度、栖息地种群最大容量、迁入率函数最大值和迁出率函数最大值、最大变异率、迁移率和

精英个体留存数。

步骤 2：计算群体中每个栖息地的适应度值、栖息地对应的物种数量、迁入率和迁出率。

步骤 3：对栖息地进行迁移操作。

步骤 4：计算每个栖息地的种群数量概率和突变率，然后进行变异操作。

步骤 5：判断是否满足停止条件。如不满足，跳转到步骤 2，否则输出迭代过程中的最优解。

BBO 是一种基于种群的优化算法，但是它不需要繁殖或者产生下一代。BBO 算法利用迁入率决定栖息地需要引入的特征变量的比例，而且迁入的特征变量来自不同的个体；遗传算法中交叉操作无法根据适应值的不同来控制交叉基因的比例，而且交叉的基因片段来自同一个体。这些是与遗传算法的显著不同之处。BBO 也有别于 ACO 算法，ACO 算法在每一代产生一系列方法，BBO 则保持方法不变。BBO 和 PSO 及 DE 较为相似，因为这些算法都将产生的方案保存到下一代，每一方案都能与其邻居进行信息交互，从而进行调整。PSO 通过速度向量间接改变位置。DE 算法直接地变化其方案，而 BBO 算法采用了根据不同栖息地种群数量选择不同操作强度的生物激励机制。这些不同之处都表明，BBO 算法是一种独特的优化算法。

3.1.4　算法的性能验证

Dan Simon 为研究 BBO 算法的性能，用 14 个基准函数测试 BBO 算法，并与另外 4 种基于种群的优化算法进行性能比较。这 4 种算法是 ACO 算法、DE 算法、GA 算法和 PSO 算法。

用于测试的基准函数大部分存在多个局部极小值，这可以检验算法的性能。基准函数的维度都设为 20。这些函数有些局部极值是孤立的，有些是关联的；有的极值点分布规则，有的不规则。基准函数详如表 3-1 所列。

表 3-1　基准函数

ID	名称	多级值	孤立	极值分布	定义域
1	Ackley	是	否	规则	±30
2	Fletcher-Powell	是	否	不规则	±π
3	Griewank	是	否	规则	±600
4	Penalty #1	是	否	规则	±50
5	Penalty #2	是	否	规则	±50
6	Quartic	否	是	规则	±1.28

续表

ID	名称	多级值	孤立	极值分布	定义域
7	Rastrigin	是	是	规则	±5.12
8	Rosenbrock	否	否	规则	±2.048
9	Schwefel 1.2	否	否	规则	±65.536
10	Schwefel 2.21	否	否	不规则	±100
11	Schwefel 2.22	是	否	不规则	±10
12	Schwefel 2.26	是	是	不规则	±512
13	Sphere	否	是	规则	±5.12
14	Step	否	是	不规则	±200

其中，对于 BBO 算法，参数设置如下：P_{mod}=1；迁入概率边界[0,1]，每一个栖息地的最大迁入率与迁出率等于 1；突变概率 0.005(对于 BBO 算法，突变主要对算法种群规模较小有利)。其他 4 种算法的参数详见 Simon(2008)的研究。每个算法的种群大小都为 50，共运行 50 次迭代。

表 3-2 和表 3-3 列出了仿真结果。表 3-2 列出了在 100 次蒙特卡洛实验中每个算法的平均极小值，平均极小值表示算法的平均性能。表 3-3 列出了在 100 次蒙特卡洛实验中每个算法的最好极小值，表示算法的最好性能。

表 3-2 平均标准最优化结果及在基准函数上的 CPU 运行时间

ID	ACO	BBO	DE	GA	PSO
1	182	100	146	197	192
2	1013	100	385	415	799
3	162	117	272	516	1023
4	2.22_{E7}	1.16_{E4}	9.70_{E4}	2.46_{E5}	2.09_{E6}
5	5.02_{E5}	715	5862	1.06_{E4}	6.35_{E4}
6	3213	262	1176	2850	8570
7	454	100	397	421	470
8	1711	102	253	428	516
9	202	100	391	166	592
10	161	100	227	184	179
11	688	100	290	500	665
12	108	118	137	142	142
13	1347	100	250	906	1000
14	248	112	302	551	1161
时间/s	3.2	2.4	3.3	2.1	2.9

表 3-3　在基准函数上的最好标准优化结果

ID	ACO	BBO	DE	GA	PSO
1	205	100	178	224	262
2	1711	109	527	632	1451
3	240	181	576	404	2241
4	100	3660	2.67_{E5}	6198	4.05_{E7}
5	100	4651	3.42_{E7}	8.79_{E5}	1.13_{E9}
6	1.64_{E4}	432	4847	4378	3.51_{E4}
7	541	100	502	466	544
8	2012	100	418	443	558
9	391	174	1344	186	1742
10	259	109	571	249	307
11	779	100	374	468	670
12	100	119	215	161	188
13	1721	115	278	751	1445
14	279	106	585	530	1580

从表 3-2 可以看出，BBO 在 14 个基准函数中有 7 个表现得最好。表 3-3 列出各个算法的最优结果，结果表明 BBO 算法在发现函数极小值方面是最有效的，ACO 算法在 3 个基准函数上表现最好。表 3-2 中的 CPU 平均计算时间表明，GA 算法是最快的优化算法，BBO 在 5 个算法中列第二。不过，在大量现实的工程应用中，适应度函数估计消耗的计算是种群优化算法中代价最大的一部分。

Dan Simon 的研究也表明，不同的参数值可导致优化算法中性能的大幅变化。此外，验证结果是以基准函数为基础的，基准函数选取的是算法测试中常用的函数；现实优化问题与基准函数关系不大，但对于不同问题，相应结果可能会发生改变，出现不同的结论。因此，该实验意在表明算法处理常规优化问题是十分有效的，也表明生物地理学优化算法是一种基于种群的、能够解决工程优化问题的有效算法。

3.2　生物地理学优化算法的研究进展

3.2.1　生物地理学优化算法的理论分析

BBO 算法作为一种新型的现代智能优化算法，由于其独特的操作机制，在解决复杂优化函数时具有良好的优化性能，同时该算法调节参数少、实现简单，已经成为智能优化算法领域一个新的研究热点(许秋艳, 2011)。BBO 算法的内在优化机制主要体现为物种迁入迁出率的确定、迁移操作及变异操作，每个操作都可能出现一定的问题，进而影响算法的寻优能力。

1. 迁移模型

在 BBO 算法中，物种的迁入迁出率决定着迁移机制中待迁入迁出的栖息地个体，因此对种群的迁移操作有着较大的影响；同时因迁入迁出率关系到栖息地的变异率，所以其也间接决定着物种变异操作。

BBO 算法通过物种迁移模型来确定迁入迁出率。然而，迁移模型不具备通用性，即单一物种迁移模型无法适应不同优化问题的需要，直接影响对优化问题的求解效果(Guo et al., 2014; Ma, 2010)。同时，迁入迁出率的确定主要是依靠栖息地的 HSI 值排序，这种方式忽视了当前群体的进化状态，无法具体有效地评价个体的真实优劣情况(Guo et al., 2016)。因此，BBO 算法应该采用更加有效的迁移模型或迁入迁出率的确定机制，以保证迁移操作和变异操作的有效性，提高 BBO 算法整体的搜索性能。

2. 迁移操作

BBO 算法中栖息地之间的信息交流主要通过迁移操作实现，因此物种的迁移直接关系到算法的求解精度和收敛速度。

迁移操作采用“轮盘赌”的方式选取较优的个体作为迁出栖息地，并使用栖息地之间特征直接替换的方式更新待迁入栖息地。这种操作方式使得栖息地个体的进化过分依赖于较优的个体，待迁入栖息地缺乏对周围其他个体学习的能力，致使个体的进化模式单一，算法开采新解的能力不强，搜索能力不够(王珏, 2013)。同时，特征直接替换的更新方式促使栖息地之间迅速变得相似，尤其是在进化后期，迁移操作很难使个体的位置发生较大的改变，种群缺乏进化的动力，算法陷入局部最优，发生早熟收敛(Al-Roomi and El-Hawary, 2016; 毕晓君和王珏, 2012; Boussaid et al., 2011)。因此，应设计更加有效的迁移算子增强种群的进化能力，实现对搜索空间的充分搜索，提高算法的优化性能。

3. 变异操作

BBO 算法的变异操作是提高种群多样性的一个重要手段。然而，该操作是针对栖息地个体的某一维 SIV 在搜索空间中进行随机变异，这种简单的变异方式虽然可以使部分较差的栖息地突变成新的更优个体，为种群朝最优方向进化提供一定机会，但对于较优个体而言，随机变异方式会增加其突变为较差个体的可能(Simon, 2008)。尤其是在迭代的后期，种群逐渐收敛于全局最优区域时，随机变异很难实现精细的搜索，相反容易产生更多毫无利用价值的较差解(Gong et al., 2010; 毕晓君和王珏, 2012)。因此，在 BBO 算法中应该采用更加有效的变异机制，充分利用种群当前的已知信息，提高种群的多样性，增强算法跳出局部最优的能力。

3.2.2 生物地理学优化算法的改进

针对以上 BBO 算法的各种缺陷和问题，研究者们提出了多种改进策略来提高 BBO 算法的优化性能。

1. 引入新学习策略

高凯歌(2014)提出了中值迁移算子，采用随机个体和当前的全局最优个体共同更新迁入栖息地，实现更加准确有效的迁移。Simon 等(2014)提出了一种线性 BBO(LBBO)算法，引入了梯度搜索、全局的网格搜索及拉丁超立方体搜索等对种群中的优秀个体进行搜索，同时对停滞的个体进行重新初始化。唐继勇等(2016)为了进一步提高 BBO 算法的全局和局部搜索能力，提出了一种基本动态选择迁出栖息地的策略，根据进化状态动态地选择迁出个体。同时，通过综合当前的迁出地和随机迁出地优化了迁入策略，提出一种混合自适应的优化机制。为了增加种群多样性，使得粒子更好地跳出局部最优，学者们引入了众多有效的变异策略。高凯歌(2014)利用柯西变异算子，使得栖息地具有更加广阔的变异范围，具有更大的机会变异到好的状态，提高了种群的勘探能力。Gong 等(2010)将算法从离散优化扩展到连续优化，对种群栖息地进行实数编码，同时利用高斯变异、柯西变异和 levy 变异算子代替原算法的变异算子，提出了基于实数编码的生物地理学优化算法。Lohokare 等(2013)引入了新的变异方程改进 BBO 算法的变异算子和清除算子，提高了 BBO 的收敛速度。

2. 与其他算法融合

蔡之华和龚文引(2010)将进化规划与生物地理优化算法结合以提高算法的勘探能力，提出了混合生物地理优化算法。王智昊等(2017)针对 BBO 算法搜索能力不足的问题，利用栖息地之间的相互影响关系，引入萤火虫算法的局部决策域策略改进迁移操作以提高算法的全局寻优能力。鲁宇明等(2016)利用差分优化算法中的局部搜索策略，提出了二重变异算子，使得栖息地个体在迭代过程中有更高的进化概率。张新明等(2016)提出了一种融合细菌觅食算法趋化算子的混合生物地理学优化算法，去掉了原 BBO 算法中的变异操作，构建了一种嵌入变异操作的迁移算子。Boussaid 等(2011)将 DE 算法与 BBO 算法相结合，提出了双阶段差分生物地理学优化算法，利用 DE 算法的搜索能力提高算法的种群多样性。

3. 调节参数

通过改进迁移模型及迁移概率可以提高种群粒子之间的信息交流的程度和方向。例如，Ma(2010)通过分析自然界中非线性物种的迁入和迁出，提出了几种不同的迁移模型以代替原 BBO 算法中线性的迁移模型，同时对比实验证明正弦迁移模型的性能最优。之后，Ma 和 Simon(2011)进一步分析了正弦模型，并提出将模型进行一定的相位偏移能够得到更好的优化性能。Saremi 等(2014)利用了 10

种不同的混沌策略产生的随机值替代迁移操作中栖息地的迁出率，因此改变了粒子被选为迁出栖息地的概率。

4. 更改算法的拓扑结构

拓扑结构是另外一个影响算法搜索能力的关键因素，不同的拓扑结构限制种群中个体信息交流的范围。基本的BBO算法采用的是全局拓扑结构，即每一个粒子都有向种群中其他粒子学习的机会，这种结构可以加快算法的收敛速度，但同时容易导致种群多样性的快速降低。为了提高BBO算法的优化性能，Zheng等(2014b)从算法的邻域拓扑结构着手，引入了三种局部迁移的拓扑结构，环形拓扑、方形拓扑及随机拓扑，实验证明基于改进的局部拓扑的 BBO 算法的优化性能有所提高。

3.2.3　生物地理学优化算法的应用

生物地理学优化算法自 2008 年提出以来，由于其简单和明确的实际背景，以及前述的诸多优点，吸引了很多研究者加入到对这种算法的研究中。目前生物地理学优化算法的研究取得了很大的进展，算法的应用也已经在不同学科中得以实现。例如，Kumar 和 Premalatha(2015)将 BBO 算法应用于输电网络规划问题中，提出了一种自适应的实数编码的 BBO，实现了输电网络的合理规划。Simon 等(2013)提出了一种基于 BBO 算法的分布学习策略，并将其应用到了机器人控制中。王玉梅等(2016)将 BBO 算法运用到汽油调合和调度优化问题中，设计了一种基于种群个体差异信息的启发式变异算子，以解决局部搜索的不足，同时采用了非线性物种迁移模型以适应不同的自然环境。张萍等(2011)提出了基于 BBO 的快速估计算法，以视频序列的时空相关性和运动矢量的中心偏置特性为基础，通过BBO 算法的迁移和变异操作搜索全局最优个体，有效地缓解了早熟收敛问题，同时将改进的算法应用到了视频压缩编码中，取得了良好的结果。此外，BBO 算法也已成功应用到传感器检测(马世欢和张亚楠, 2015)、卫星图像识别(Sharma and Geol, 2015)、生产调度(李知聪和顾幸生, 2016; 王桃等, 2016)、心脏疾病诊断(Chatterjee et al., 2012b)、资源分配(Lyn et al., 2017)、阵列天线综合(Singh et al., 2013; Singh and Kama, 2012)、系统参数估计(Jiang et al., 2016)等诸多工程优化领域。

3.3　引入新策略的 BBO 改进算法

早熟收敛及精细搜索是 BBO 算法面临的一个关键问题，尤其是在复杂的多峰搜索问题中。很多改进算法忽略了种群进化过程中的历史信息。为了进一步提高生物地理学优化算法的全局和局部收索能力，唐继勇等(2016)提出了一种基于动态选择迁出地与混合自适应迁入的优化策略，对生物地理学优化算法进行改进，形成一种新的改进型 BBO 算法。该算法根据进化阶段动态选择待迁出地，并综合当前迁出地和随机迁出地优化迁入策略，同时，设计与适应度相关的变异机制，以增加算法的全局搜索能力。基于动态选择迁出地与混合自适应迁入的 BBO 算法主要有三部分内容，分别为动态调整迁出地选择概率、迁入地自适应改变、自适应变异。

3.3.1　算法改进策略

1. 基于动态选择和对立搜索策略选择迁出地

唐继勇等(2016)基于概率进行动态选择，并用对立搜索策略分别选择两个待迁出地。

对待迁出栖息地 $\boldsymbol{X}_i$ 进行动态选取的思想是：使得在进化过程的不同阶段栖息地选择有不同的压力，其基本方法如下。

在进化前期，保障 HSI 较低的栖息地迅速提高质量，以较大概率迁入 HSI 较高的栖息地；在进化中期，为保障搜索的广度，使得 HSI 较低的栖息地有一定的生存机会，保持种群多样性；在进化后期，解集逐渐接近收敛，为使栖息地选择具有靶向性，让较优解参与迁移，以提高解的收敛精度。根据以上思想，唐继勇等(2016)设计第 k 个迁出地对应的动态选择概率 P_k 来代替“轮盘赌”选择概率，从而确定待迁出的栖息地 $\boldsymbol{X}_k$。

$$P_k = \frac{\mu_k^{\varepsilon}}{\sum_{i=1}^{N}\mu_i^{\varepsilon}} \tag{3-5}$$

$$\varepsilon = \frac{1}{2}\left[\cos\left(\frac{t}{T_{\max}}\pi\right)+1\right] \tag{3-6}$$

式中，t 为当前迭代次数；$T_{\max}$ 为最大迭代次数；μ_i 和 μ_k 为栖息地 $\boldsymbol{X}_i$ 和 $\boldsymbol{X}_k$ 的迁出率。

Tizhoosh(2005)得出了用随机算子在群体智能算法进行迭代进化会导致收敛速度偏慢的结论。为提高探索效率，提出用基于对立点的对立搜索代替随机搜索，同时中心对立定理证明了对立搜索在发现最优解时的效率优势。

定义 3.1 设 x 是 $[l,u]$ 内的任意实数，它的对立点定义为

$$x^o = l + u - x \tag{3-7}$$

采用对立搜索策略选择迁出地的方法是：设 X_i 为选中的待迁入地，首先按式(3-8)选择相应的待迁出地 $\boldsymbol{X}_i$ 的对立点，然后寻找适应值与 HSI_X^o 的差的绝对值最小的栖息地 $\boldsymbol{X}_k$ 为对立迁出地。

$$\mathrm{HSI}_X^o = \mathrm{HSI}_{\min} + \mathrm{HSI}_{\max} - \mathrm{HSI}_{X_i} \tag{3-8}$$

式中，$\mathrm{HSI}_{\min}$、$\mathrm{HSI}_{\max}$ 和 HSI_{X_i} 分别为当前适应度的最小值、最大值和迁入地 $\boldsymbol{X}_i$ 的适应度。

2. 迁入地自适应改变

生物地理学中种群迁移的基本原则是：高 HSI 的栖息地因种群数量太多，故具有高迁出率、低迁入率；反之，低 HSI 的栖息地具有高迁入率、低迁出率。但低 HSI 栖息地并不适合种群生存，故需要共享高 HSI 的 SIV 因子信息，即用高 HSI 栖息地携带的 SIV 因子信息改变低 HSI 栖息地的 SIV 因子。基本 BBO 算法用随机选中的因子直接替换，这导致收敛速度偏慢。

为此，综合考虑以下两个主要因素。

(1) 迁入、动态选择的迁出地间的 SIV 差异和迁出率大小。

(2) 迁入地与对立搜索选择迁出地间的 SIV 差异及迁出率大小。

由此进行下列自适应迁入函数设计。

设 $\boldsymbol{X}_i$ 为选中的待迁入地，$\boldsymbol{X}_k$ 为对应的待迁出地，即种群拟从 $\boldsymbol{X}_k$ 转移到 $\boldsymbol{X}_i$，$\boldsymbol{X}_o$ 为按对立搜索策略选择的栖息地，则迁入地 $\boldsymbol{X}_i$ 第 j 维 SIV 因子 $\boldsymbol{X}_{ij}$ 自适应迁入函数表示为

$$x_{ij} = x_{ij} + \alpha \times \left(x_{oj} - x_{ij}\right) + \left(x_{kj} - x_{ij}\right) \tag{3-9}$$

$$\alpha = \mu_o - \mu_i \tag{3-10}$$

$$\beta = \mu_k - \mu_i \tag{3-11}$$

式中，μ_o，μ_i，μ_k 为 X_o，$\boldsymbol{X}_i$，$\boldsymbol{X}_k$ 的迁出率；x_{oj} 和 x_{kj} 分别为栖息地 X_o 和 X_k 在第 j 维 SIV 因子(变量)上的值。

另外，在迁移过程中的迁出地选择方面，本节算法将以往一个迁入地对应一个迁出地的策略改为一个迁入地可能对应多个迁出地，即一次迁入过程如下。

(1) 根据迁入率，概率选择迁入地。

(2) 针对每一维 SIV，从其余的栖息地随机选择迁出地。

(3) 计算迁入地的对应维 SIV。

(4) 重复步骤(2)和(3)，直到完成所有维的计算。

自然界中，栖息地的环境因子会因为随机事件，如疾病、气候和自然灾难等发生不同程度的变化，从而影响栖息地的适应度。在改进 BBO 算法中，为模拟自然界这种变化，将基本 BBO 算法中的变异细分为两种情况。第一种情况是基本变异，根据栖息地的种群数量概率 $P(\boldsymbol{X}_i)$ 对栖息地的环境因子进行突变。由于适应度较高的栖息地和适应度较低的栖息地对应的种群数量概率都较低，平衡点对应数量概率则较高。每个栖息地的数量概率表示对于给定问题预先存在的可能

性。如果一个栖息地的物种数量概率较低，则该栖息地物种存在的概率较小。如果发生突变，它很有可能突变成更好的栖息地。相反地，具有较高物种数量概率的栖息地发生突变的可能性很小。因此突变概率函数与该栖息地的物种数量概率成反比，相应的函数如式(3-12)所示：

$$M(\boldsymbol{X}_i) = M_{\max} \times \left(1 - P(\boldsymbol{X}_i)\right) / P_{\max} \tag{3-12}$$

式中，$M_{\max}$ 为用户定义最大突变率。该突变函数可使低适应度的栖息地以较大概率发生突变，为该栖息地增加更多的机会搜索目标。

第二种情况是自然灾难导致的巨大变化，这种变化被设计为在一定条件下重新初始化部分栖息地的所有 SIV 因子。本节算法的条件是：连续 R 次迭代，最优 HSI 改进率都低于预设阈值 ε 时，重新初始化 10%的栖息地。

3.3.2　算法的流程

改进的 BBO 算法流程如算法 3-1 所示。

算法 3-1　改进的 BBO 算法

/*初始化*/
1：　随机产生 N 个初始栖息地，对应 N 个种群
2：　计算各栖息地的 HSI
3：　while not $T_{\max}$　/* $T_{\max}$ 为迭代结束条件，通常为次数*/
4:　　按 HSI 值降序重新排列栖息地
5:　　各栖息地计算迁入率 λ 和迁出率 μ；/*迁移*/
6:　　　for i=l to N
7:　　　　根据迁入率，概率选择待迁入栖息地 X_i
8:　　　　if　X_i 被选择
9:　　　　　for k=l to D　/*D is dimension */
10:　　　　　　选择迁出地 X_j
11:　　　　　　if　X_j 被选择
12:　　　　　　　选择 X_{jk}
13:　　　　　　　更新 X_{ik}
14:　　　　　　end if
15:　　　　　end for
16:　　　　　按对立搜索策略选迁出地 X_o
17:　　　　end if
18:　　end for
19:　　计算各栖息地的 HSI，并按降序重新排列；　/*变异*/

```
20:   if 连续 R 次最优 HSI 改进率小于 ε
21:       重新初始化最差 HSI 值的 K 个栖息地
22:   elsc
23:       根据变异率，概率选择待变异栖息地 X_i
24:       if  X_i 被选择
25:           在变量取值范围内随机改变 X_i 的部分 SIV 因子
26:       end if
27:   end if
28:   计算各栖息地的 HSI，并按降序重新排列
29: end while
```

3.3.3　算法的性能验证

为验证改进算法的有效性及性能，利用 MATLAB R2012b 将改进算法与基本生物地理学优化(BBO)算法、基于差分进化的生物地理学优化(DEBBO)算法(叶开文等，2012)、基于混沌的生物地理分布优化(CSBBO)算法(张萍等，2012)、基于混合迁移策略的生物地理学优化(HMBBO)算法(毕晓君等，2012)分别从最优解、平均解、标准差三方面进行对比测试。

1. 基准函数及算法参数设置

对比测试拟从算法的收敛速度和全局探索能力两方面组织基准函数。按此原则，基准函数选用 Yao 等(1999)研究中的前 12 个高维测试函数，其中 F_1～F_7 是单峰连续优化函数，用于对比测试算法的收敛速度和收敛精度。F_{12} 是多峰连续优化函数，用于对比测试算法摆脱局部极值的全局搜索能力。以上函数的定义和初始搜索域范围均按 Yao 等(1999)的文献进行设置，全局最小值均为 0。所有算法均以寻优过程中函数评价次数超过 2000 作为停止测试的条件。表 3-4 所列为文献中算法进行实验时的参数设置。

表 3-4　算法参数设置

参数	值	参数	值
种群规模 N	50	问题维数 D	30
最大迁入率 I	1	最大迁出率 E	1
函数评价次数	2000	最大变异率 M_{max}	0.01

2. 对比实验结果

本节算法将基准函数中每个函数运行 50 次，寻找各函数的最小值，最优解、平均解、标准差的统计结果如表 3-5 所示。

表 3-5　5 种算法测试结果对比

函数	性能指标	BBO	DEBBO	CSBBO	HMBBO	文献算法
F_1	最优解	3.89E-20	0	0	0	0
	平均解	4.67E-19	8.92E-21	7.26E-22	6. 29E-22	5.53E-23
	方差	4.96E-19	1.13E-21	2.65E-22	2.93E-22	3. 66E-23
F_2	最优解	7. 66E-21	0	0	0	0
	平均解	3.22E-20	2.62E-21	1.76E-21	2.67E-22	1.62E-22
	方差	4.82E-20	2.15E-21	3.25E-21	4. 23E-22	3.36E-22
F_3	最优解	6.11	0.213	0.0613	0.0261	0.0053
	平均解	23.81	18.92	15.92	15.10	6.52
	方差	10. Z2	9.66	8.94	10.66	3.89
F_4	最优解	9.76E-3	1.39E-4	2.55E-5	1.38E-5	1.10E-5
	平均解	6.23E-2	2.62E-3	9.55E-4	9.67E-5	3.62E-5
	方差	9.88E-2	9.15E-4	4.99E-4	4.23E-5	1.36E-5
F_5	最优解	36.82	22.62	16.68	12.36	9.83
	平均解	103.98	98.77	75.19	65.21	36.52
	方差	26.77	23.15	18.94	15.66	13.89
F_6	最优解	1.39E-20	0	0	0	0
	平均解	2.27E-19	9.62E-21	6.16E-22	5.88E-22	4.39E-23
	方差	3.86E-19	5.33E-21	3.21E-22	3. 67E-22	2.62E-23
F_7	最优解	3.88E-4	9.15E-5	6.31E-6	7.77E-7	3.58E-8
	平均解	6.78E-3	5.33E-4	7.56E-5	5.92E-6	6.25E-7
	方差	9.92E-3	2.89E-3	9.88E-4	9.08E-5	9.91E-7
F_8	最优解	5.66E-12	4.55E-13	6.84E-13	4.55E-13	5.66E-14
	平均解	3.62E-10	1.33E-11	4.31E-11	2.12E-11	8.11E-13
	方差	9.66E-9	6.69E-10	9.99E-11	8.76E-11	8.99E-13
F_9	最优解	1.29E-20	1.39E-22	2.55E-22	2.38E-23	1.34E-23
	平均解	9.27E-19	8.82E-21	6.16E-22	5.29E-22	9.26E-23
	方差	9.86E-19	7.23E-21	3.29E-22	4.13E-22	8.66E-23
F_{10}	最优解	1.26E-14	7.33E-15	5.55E-16	6.91E-17	9.26E-18
	平均解	3.88E-12	8.91E-13	6.89E-15	1.88E-15	8.78E-17
	方差	8.62E-13	9.69E-13	1. 15E-14	6.32E-14	9.35E-16

续表

函数	性能指标	BBO	DEBBO	CSBBO	HMBBO	文献算法
F_{11}	最优解	3.87E-20	1.89E-22	3.27E-22	6.99E-23	1.34E-23
	平均解	6.55E-19	5.21E-21	5.39E-21	9.52E-22	3.56E-22
	方差	9.52E-19	9.81E-21	3.21E-21	4.55E-22	7.51E-22
F_{12}	最优解	5.58E-20	9.49E-22	8.22E-22	6.01E-23	2.66E-23
	平均解	4.26E-19	3.66E-21	1.05E-21	7.53E-22	7.92E-22
	方差	6.39E-19	7.91E-21	9.82E-21	3.84E-22	9.93E-22

因为基准函数的最小值均为 0，所以测试中算法找到的最优解越小，则该算法的搜索精度越高、收敛性越好。同时，平均解和标准差可以较好地衡量算法的稳定性。

从对比测试结果可以看出，在相同函数评价次数的条件下，与对比算法相比，DEBBO 算法在最优解、平均解和方差指标上均有较好的表现，表明文献提出的算法不仅具有更快的收敛速度和更高的寻优精度，而且具有较好的稳定性。

综上，该文献采用动态选择和对立搜索策略两种方式选择迁出地，结合自适应迁入、自适应变异方法对基本生物地理分布优化算法进行了改进。首先，采用迁出地动态选择和对立搜索策略加快了算法的收敛速度；其次，自适应迁入函数的引入使得算法在变更环境因子 SIV 时，分别从待迁入栖息地当前状态、对立点迁出地及动态选择的迁出地三方面综合评价 SIV 的改变，使得算法不至于过早收敛。同时，本节的变异策略既保护了较高 HSI 栖息地，又使得具有低 HSI 的栖息地能得到更多改进机会，保障了种群多样性，进一步降低了早熟收敛的风险。对比测试表明，改进算法无论是在全局搜索性能、局部搜索性能，还是算法的收敛性、稳定性方面都有较大提升。

3.4　混合 BBO 优化算法

利用不同算法的搜索行为、优化结构和机制的互补性来提高算法的优化性能，将多种算法进行混合已经成为优化算法发展的一种重要方法。近几年，很多研究者提出了将生物地理学优化算法与其他算法融合，且得到的混合型算法具有更好的性能。目前没有理论能够证明两种不同算法的机制融合一定能产生比该两种算法更好的新算法，研究机制融合方法的关键是根据寻优的基本原理找到不同算法的优势和缺陷。

为了增加算法的种群多样性，克服陷入局部最优的问题，Boussaid 等(2011)通过结合 DE 算法的勘探能力和 BBO 算法的开发能力，提出了一种双阶段差分生物地理学优化算法(two-stage update BBO using DE, DBBO)。在 DBBO 中，种群在迭代过程中，交替地使用 BBO 和 DE 更新方法。同时，引入一种选择机制保证更优的个体进入下一次迭代。

3.4.1 算法改进策略

1. *种群更新方法*

随着迭代的进行，种群依次使用 BBO 和 DE 方法进行更新。

BBO 更新策略：BBO 更新策略包括迁移和变异操作。迁移操作可以产生一个新的种群向量 M_i。

$$M_i=\begin{cases}X_{kj}, & \text{if } \text{rand}(0,1)<\lambda_i\\ X_{ij}, & \text{otherwise}\end{cases} \tag{3-13}$$

式中，X_{kj} 为选择的迁出栖息地的一维特征向量。

种群中所有个体进行变异操作，如式(3-14)所示，对新产生的迁移个体进行一定的扰动。

$$M_{ij}=\begin{cases}\text{rand}(l_j,u_j), & \text{if } \text{rand}(0,1)<m_i\\ M_{ij}, & \text{otherwise}\end{cases} \tag{3-14}$$

式中，l_j 和 u_j 为搜索空间中的上下界；$\text{rand}(l_j,u_j)$ 为在搜索空间中产生的随机数。

DE 更新策略：在 DBBO 中采用 DE/rand/1 变异策略。

$$V_i=X_{r1}+F(X_{r2}-X_{r3}) \tag{3-15}$$

式中，X_{r1}，X_{r2} 和 X_{r3} 是从种群中随机选择的三个个体。

得到变异向量之后，进行交叉操作。通过结合父个体 X_i 和变异向量 V_i 获得尝试向量 M_i。

$$M_i=\begin{cases}V_{ij}, & \text{if } \text{rand}(0,1)\leqslant \text{CR or } j=j_{\text{rand}}\\ X_{ij}, & \text{otherwise}\end{cases} \tag{3-16}$$

式中，CR 为[0,1]内的随机数，代表尝试向量向变异向量学习的概率；j_{rand} 为从[0, N]随机选择的整数，为了保证尝试向量至少有一个维度值来自变异向量。

2. *选择策略*

在 DBBO 中，每次迭代，根据父个体向量和新产生向量的适应度值，选择一个进入下一次迭代。

$$X_i=\begin{cases}M_i, & \text{if } f(M_i)<f(X_i)\\ X_i, & \text{if } f(M_i)>f(X_i)\end{cases} \tag{3-17}$$

3.4.2　算法的流程

整个算法的主要流程如算法 3-2 所示。

算法 3-2　DBBO 算法

1：初始化，产生初始种群(NP 个栖息地)

2：对种群进行评估和排序，计算种群栖息地的适应度值，基于适应度对栖息地排序

3：初始化迭代次数 $G=0$

4：while $G<G_{\max}$ do

5：　if $G\%2=0$ then

6：　　for $i=1$ to NP do

7：　　　随机选取互不相等，且不等于指数 i 的变量 $r_1,r_2\in\{1,2,\cdots,\mathrm{NP}\}$

8：　　　根据 DE 迭代策略，更新当前结果 X_i

9：　　end for

10：　else

11：　　for $i=1$ to NP do

12：　　　计算迁入率 λ_i 和迁出率 μ_i

13：　　　根据 BBO 迭代策略更新 X_i

14：　　end for

15：　end if

16：　for $i=1$ to NP do

17：　　评价新的迭代向量 M_i 的适应度值

18：　　if $f(M_i)<f(X_i)$ then

19：　　　$X_i=M_i$

20：　　end if

21：　end for

22：　$G=G+1$

23：end while

3.4.3　算法的性能验证

为了验证 DBBO 算法的优化性能，Boussaid 等(2011)利用基本的 BBO 算法和 DE 算法分别从平均解和标准差两个方面进行对比测试。

1. 基准函数及算法参数设置

使用 14 个 30 维的标准测试函数(F_1～F_{14})测试对比算法的搜索能力，其中 7

个为单峰函数，包括 Sphere Function，Schwefel’s Problem 2.22，Schwefel’s Problem 1.2，Schwefel’s Problem 2.21，Rosenbrock Function，Step Function and Quartic Function with noise，这些优化问题可用来测试算法的收敛速度和收敛精度。剩下的为多峰函数，包括 Schwefel’s 2.26 Function，Generalized Rastrigin’s Function，Ackley Function，Generalized Griewank Function，Generalized Penalized Function 1 and 2，Fletcher-Powell Function，这些函数具有多个局部极值，且局部极值的数量随着优化问题的维度增长而呈指数形式增加。

所有对比算法中的参数设置与原文献一致，BBO 参数采用 Simon (2008) 文献中的设置，DE 算法中，种群数量的大小为 100，F 为 0.5，CR=0.9，变异策略使用 DE/rand/1 (Storn et al., 1997)。DBBO 中，种群数量大小 NP=100，变异率为 0.01，具体的参数如表 3-6 所示。

表 3-6　DBBO 算法的参数设置

参数名称	参数大小
种群大小	NP=100
变异率	m=0.01
精英数量	elitism=2
最大迁入率	I=1
最大迁出率	E=1
缩放因子	F=0.5
交叉概率	CR=0.9

为了测试实验的公平性，所有对比算法在每个测试函数上均独立运行 25 次。根据 Yao 等 (1999) 的研究，对于 Sphere, Step, Ackley, Generalized Penalized Function 1 and 2 等优化问题，设置最大适应度计算次数为 150000；Schwefel’s Problem 2.22 和 Generalized Griewank Function 优化问题的最大适应度计算次数为 200000；Quartic Function with noise 设置为 300000；Schwefel’s Problem 1.2, Schwefel’s Problem 2.21 和 Generalized Rastrigin’s Function 设置为 500000；Generalized Rosenbrock’s Function 设置为 2000000；Schwefel’s Problem 2.26 设置为 900000；Fletcher-Powell Function 设置为 500000。

2. 对比实验结果

单峰测试函数由于只有一个全局最优，且最小值为 0，因此测试中算法找到的最优解越小，该算法的搜索精度越高、收敛性越好。同时，平均解和标准差可以较好地衡量算法的搜索性能和稳定性。

表 3-7 总结了 3 个对比算法在测试函数上独立运行 25 次的实验结果。从对比

测试结果可以看出，在相同函数评价次数的条件下，与对比算法相比，DBBO 算法在均解和方差指标上均有较好表现，表明 Boussaid 等(2011)提出的算法不仅具有更快的收敛速度和更高的寻优精度，而且具有较好的稳定性。

表 3-7　BBO、DE 算法与 DBBO 算法测试结果对比

函数	DE		BBO		DBBO	
	均解	方差	均解	方差	均解	方差
F_1	1.10E-22	7.03E-23	4.00E-01	1.55E-01	**7.76E-36**	**3.80E-35**
F_2	**3.39E-16**	**1.62E-16**	1.91E-01	4.39E-02	6.14E-04	2.64E-03
F_3	**2.36E-16**	**4.36E-16**	5.95E+02	2.77E+02	1.52E-11	1.86E-11
F_4	2.00E+00	1.25E+00	9.35E-01	1.69E-01	**9.02E-02**	**6.10E-02**
F_5	**1.59E-01**	**7.81E-01**	6.53E+01	3.81E+01	6.71E+01	2.61E+01
F_6	1.29E-22	8.03E-23	4.76E-01	2.15E-01	**0.00E+00**	**0.00E+00**
F_7	2.37E-03	6.19E-04	6.10E-02	2.17E-02	**1.54E-03**	**3.41E-04**
F_8	3.79E+04	1.86E+04	**2.79E-02**	**7.86E-03**	2.10E-01	2.91E-01
F_9	1.46E+01	3.97E+00	1.76E-02	5.86E-03	**2.24E-03**	**3.25E-03**
F_{10}	**2.62E-12**	**1.09E-12**	2.11E-01	6.19E-02	4.63E-03	1.47E-02
F_{11}	6.90E-04	2.37E-03	3.05E-01	8.81E-02	**1.33E-17**	**6.53E-17**
F_{12}	5.79E-04	6.00E-04	1.17E-02	1.94E-02	**9.64E-06**	**3.68E-05**
F_{13}	1.39E-02	2.67E-02	2.58E-02	1.03E-02	**4.51E-04**	**2.15E-03**
F_{14}	1.11E+06	1.36E+05	**1.08E+06**	**1.09E+05**	1.10E+06	1.14E+05

如表所示，对于单峰优化问题(F_1～F_7)，DBBO 在 6 个测试函数上的优化结果明显优于 BBO，但是在 F_5 上却稍微差于 BBO。优化 F_1, F_4, F_6 和 F_7 时，DBBO 的测试结果优于 DE，但是 DE 算法在解决 F_2, F_3, F_5 测试函数时优化性能最高。对于多峰测试函数(F_8～F_{14})，从表中可以得知，除了函数 Ackley，DBBO 在所有函数上的优化结果均比 DE 好。而对于函数 Schwefel's 2.26 和 Fletcher-Powell Function，BBO 在所有对比算法中表现最优。

3.5　基于参数调节的 BBO 改进算法

BBO 是受生物地理学启发的一种进化算法。生物地理学主要依靠因子迁入率和迁出率实现建模，以模拟种群的进化、迁移和灭绝。因此，在 BBO 算法中，每个栖息地的迁入率和迁出率作为重要参数，影响着种群中栖息地之间的信息交流，进而决定着算法的搜索性能(Ma, 2010)。Ma(2010)受启发于不同的生物地理学模型，提出了 6 种典型的迁移模型，包括线性和非线性模型，并探究了多种迁入和迁出曲线对提高 BBO 算法优化性能的有效性。

3.5.1 算法改进策略

1. 线性模型

自然界中并不存在线性模型，然而这种模型在表达物种迁移的特点和性能时，相比较于非线性模型，更加简单。

模型 1(常数迁入模型，线性迁出模型)：

$$\lambda_k = \frac{I}{2}(\text{constant}) \\ \mu_k = \frac{k}{n}E \tag{3-18}$$

式中，迁出率 μ_k 与其物种数量 k 成线性关系；迁入率 λ_k 是一个常数值，等于最大迁入率 I 的一半。模型 1 的曲线如图 3-2(a)所示。当栖息地中没有物种时，迁出率为 0；当物种数量增加时，迁出率也线性增加，直到增大到栖息地所能包含的最大物种数量 E。

模型 2(线性迁入模型，常数迁出模型)：

$$\lambda_k = I\left(1-\frac{k}{n}\right) \\ \mu_k = \frac{E}{2}(\text{constant}) \tag{3-19}$$

式中，迁入率 λ_k 与其物种数量 k 呈线性关系；迁出率 μ_k 是一个常数值，取最大迁出率 E 的 $\frac{1}{2}$。模型 2 的曲线如图 3-2(b)所示。当栖息地中没有物种时，迁入率为最大迁入率 I；随着物种数量增加时，迁出率线性递减，当栖息地中物种数量达到栖息地所能容纳的最大值时，迁入率变为 0。

模型 3(线性迁移模型)：

$$\lambda_k = I\left(1-\frac{k}{n}\right) \\ \mu_k = \frac{k}{n}E \tag{3-20}$$

基本的 BBO 算法即使用此种线性模型。迁入率 λ_k 与迁出率 μ_k 均与栖息地的物种数量 k 呈线性关系，如图 3-2(c)所示。当栖息地中的物种数量增加时，迁入率会线性递减，迁出率线性递增。

2. 非线性模型

总的来说，本质上生态系统是非线性的，一小部分的简单改变会对整个系统产生复杂的影响，而线性模型过于简单，无法描述自然界中复杂的迁移过程。因此，本节引入三种非线性模型，包括梯形迁移模型、二次迁移模型及正弦曲线迁移模型，这些模型曲线示意图为图 3-2(d)～(f)。梯形迁移模型为线性模型的简单变形，二次迁移模型和正弦曲线迁移模型是与自然迁移规律较为相似的解析形式。值得注意的是，在自然界中，有无数种迁移模型，Boussaid 等(2011)只选择了三种典型的非线性模型以分析非线性的迁移模式对 BBO 优化性能的影响。

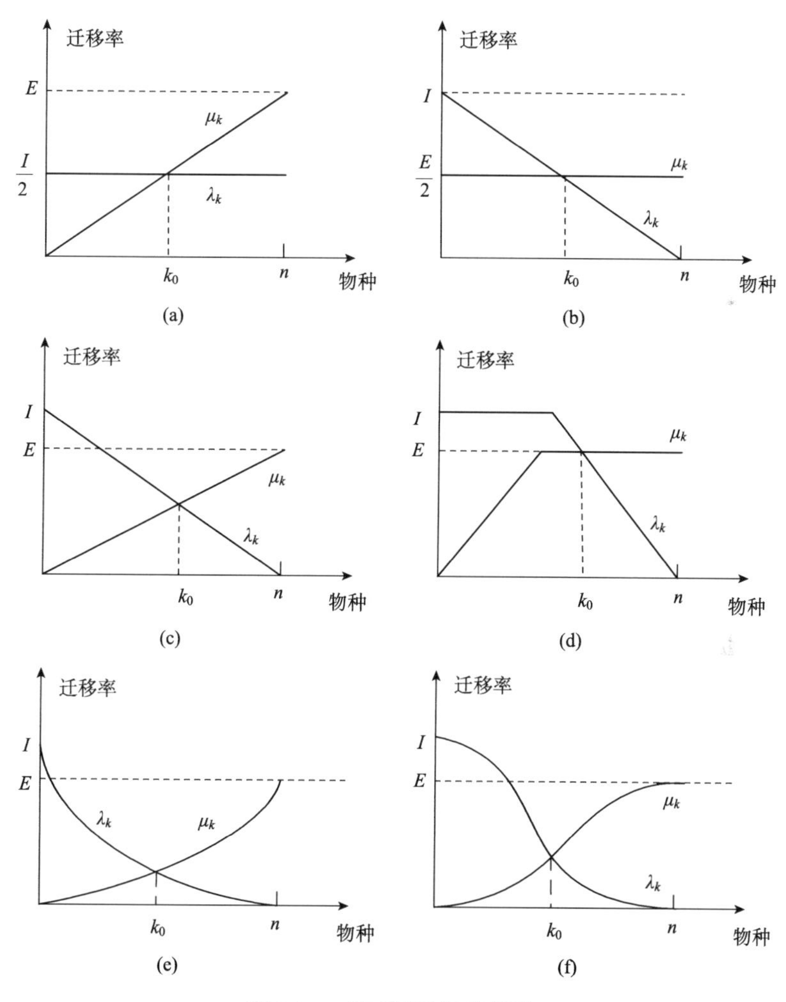

图 3-2　6 种不同的迁移模型

模型 4(梯形迁移模型)：

$$\lambda_k = \begin{cases} I, & k \leqslant i' \\ 2I\left(1-\dfrac{k}{n}\right), & i' < k \leqslant n \end{cases}$$

$$\mu_k = \begin{cases} 2E\dfrac{k}{n}, & k \leqslant i' \\ E, & i' < k \leqslant n \end{cases} \tag{3-21}$$

式中，i' 为一小的整数值，且 $i' = \text{ceil}\left(\left(n+1\right)/2\right)$。此时，迁入率 λ_k 与迁出率 μ_k 为栖息地的物种数量 k 的梯形函数。这个模型的含义是当栖息地的物种数量较少时，迁入率为一常数值，且大小等于最大迁入率 I，迁出率线性递增。当物种数量超过其中点值，迁入率线性递减，迁入率变为一常数值，且大小等于最大迁出率 E。

模型 5(梯形迁移模型)：

$$\begin{aligned} \lambda_k &= I\left(\frac{k}{n}-1\right)^2 \\ \mu_k &= E\left(\frac{k}{n}\right)^2 \end{aligned} \tag{3-22}$$

式中，迁入率 λ_k 与迁出率 μ_k 为栖息地的物种数量 k 的凸二次函数。该模型源于岛屿生物地理学，用于阐述生物栖息地的物种丰富度。基于对岛屿生物地理学的实验测试得出理论：栖息地之间的物种迁移规律满足栖息地大小与地理邻近度的二次函数关系(Arthur, 1967)。当栖息地的物种数量较少时，迁入率从其最大值迅速递减，迁出率从 0 缓慢递增；当栖息地的物种数量接近饱和时，迁入率从最大值缓慢递减，迁出率从 0 快速递增。

模型 6(正弦曲线迁移模型)：

$$\begin{aligned} \lambda_k &= \frac{I}{2}\left(\cos\left(\frac{k\pi}{n}\right)+1\right) \\ \mu_k &= \frac{E}{2}\left(-\cos\left(\frac{k\pi}{n}\right)+1\right) \end{aligned} \tag{3-23}$$

式中，迁入率 λ_k 与迁出率 μ_k 表示为物种数量 k 的正弦函数。这种模型考虑到了自然界中捕食/被食者关系、物种迁徙、个别物种进化和种群大小，因此其接近真实的栖息地之间物种迁移情况。当栖息地中物种数量很少或很多时，迁入率和迁出率改变较慢，当栖息地中包含中等数量的物种时，迁移率变化迅速，这表示在自然界中，要经过很长一段时间，栖息地的物种数量才能达到一定的平衡状态。

3.5.2 算法的性能验证

1. 基准函数及算法参数设置

为验证 6 种迁移模型对 BBO 算法的有效性，使用 23 个标准优化函数(Yao et al., 1999)进行测试。这些函数可以分为三类：单峰函数、具有大量局部极值的多峰函数和具有少量局部极值的多峰函数。其中 F_1～F_7 为高维的单峰函数；F_8～F_{13} 为高

表 3-8　3 种线性模型的实验结果

Fun.	BBO									1vs.3	2vs.3
	Mode1			Mode2			Mode3			t-test	t-test
	Best	Mean	Std	Best	Mean	Std	Best	Mean	Std		
F_1	6.12E+00	9.24E+00	5.31E+00	5.14E-01	7.10E-01	6.90E-01	**1.25E-03**	**5.23E-03**	**7.04E-03**	2.253	2.634^+
F_2	1.45E-01	9.12E-01	5.44E-01	9.22E-02	1.75E-01	6.13E-02	**7.23E-02**	**1.12E-01**	**3.34E-02**	0.824	0.601
F_3	3.45E+04	3.97E+05	8.03E+04	3.81E+02	6.34E+03	2.34E+02	**1.35E+02**	**1.43E+03**	**2.11E+02**	2.257^+	0.539
F_4	3.73E+01	8.44E+01	6.43E+01	1.30E-01	3.45E-01	5.90E-01	**5.53E-02**	**6.85E-02**	**8.93E-02**	5.850^+	1.18
F_5	8.56E+03	7.16E+04	7.09E+03	7.90E+00	9.88E+00	1.10E+01	**2.52E+00**	**3.32E+00**	**4.26E+00**	7.863^+	0.124
F_6	5.57E+00	9.98E+00	2.18E+00	2.99E+00	7.09E+00	5.98E+00	**1.24E+00**	**6.27E+00**	**3.74E+00**	0.371	0.382
F_7	1.60E-01	4.14E-01	5.22E-02	**4.32E-03**	**6.55E-03**	**7.21E-03**	6.46E-03	8.32E-03	7.09E-03	2.151^+	0.647
F_8	2.47E+01	4.85E+01	9.04E+01	**3.23E-02**	**8.13E-01**	**6.84E-02**	3.42E-01	3.35E+00	3.41E-01	2.617^+	1.265
F_9	5.42E+00	9.65E+00	8.18E+00	2.07E-01	1.32E+00	6.56E+00	**1.95E-01**	**1.03E+00**	**9.05E-01**	0.833	0.697
F_{10}	4.54E-01	8.39E-01	7.03E-02	2.96E-02	3.60E-01	9.22E-02	**2.45E-02**	**2.27E-01**	**2.10E-02**	0.612	0.435
F_{11}	9.03E+02	6.92E+03	4.92E+02	9.77E-01	5.66E+00	5.42E-01	**1.45E-01**	**6.78E-01**	**1.22E-01**	6.917^+	1.533
F_{12}	2.40E-02	2.12E-01	5.66E-02	**5.43E-33**	**6.80E-32**	**7.88E-33**	7.27E-32	8.76E-32	9.66E-32	26.42^+	0.864
F_{13}	1.22E-01	8.78E-01	7.89E-02	5.89E-31	9.02E-31	9.00E-31	**3.46E-32**	**2.33E-31**	**7.89E-32**	28.75^+	0.711
F_{14}	3.85E+01	1.76E+02	7.12E+02	3.12E-04	5.44E-04	1.25E-04	**1.41E-04**	**3.65E-04**	**3.21E-05**	13.44^+	0.536
F_{15}	5.73E-01	8.13E-01	6.90E-01	9.01E-03	7.86E-02	1.87E-03	**7.05E-04**	**8.90E-04**	**3.18E-05**	3.780^+	2.353^+
F_{16}	1.01E-01	1.78E-01	3.51E-01	1.75E-03	5.58E-03	4.89E-03	**4.12E-06**	**9.01E-06**	**9.22E-07**	5.732^+	2.889^+
F_{17}	1.44E-01	2.93E-01	2.89E-01	2.13E-02	8.02E-02	9.84E-02	**9.33E-03**	**5.05E-02**	**6.03E-02**	2.474^+	1.073
F_{18}	1.96E-02	2.28E-02	1.04E-02	**5.97E-15**	**6.54E-15**	**1.57E-15**	6.51E-15	7.38E-15	9.04E-15	10.89^+	0.416
F_{19}	2.17E-02	3.74E-02	2.95E-02	4.78E-22	7.11E-22	6.69E-22	**7.00E-25**	**8.77E-25**	**6.48E-25**	27.82^+	2.784^+
F_{20}	9.77E+00	6.45E+01	7.72E+00	8.45E-03	9.05E-03	5.12E-03	**9.26E-04**	**5.76E-03**	**5.09E-03**	8.445^+	1.027
F_{21}	6.32E-01	7.34E-01	4.04E-01	6.33E-03	7.89E-03	3.04E-03	**1.07E-03**	**2.38E-03**	**1.91E-03**	2.117^+	1.041
F_{22}	6.61E-01	7.31E-01	7.78E-01	6.90E-06	3.22E-05	9.43E-05	**4.77E-07**	**4.31E-06**	**7.87E-06**	4.986^+	1.836
F_{23}	8.04E-02	9.03E-02	1.39E02	8.56E-07	9.15E-07	5.48E-07	**9.57E-08**	**8.65E-07**	**2.63E-07**	5.553^+	1.039

表 3-9 模型 3、4、5 和 6 的实验结果

Fun.	BBO											
	Mode3			Mode4			Mode5			Mode6		
	Best	Mean	Std	Best	Mean	Std	Best	Mean	Std	Best	Mean	Std
F_1	1.25E-03	5.23E-03	7.04E-03	2.75E-02	8.86E-02	9.03E-03	7.14E-02	8.24E-02	7.03E-03	**1.02E-03**	**1.10E-03**	**7.11E-04**
F_2	7.23E-02	1.12E-01	3.34E-02	5.32E-02	1.02E-01	3.77E-03	0.00E+00	0.00E+00	0.00E+00	**0.00E+00**	**0.00E+00**	**0.00E+00**
F_3	1.35E+02	1.43E+03	2.11E+02	2.28E+03	2.20E+04	4.91E+04	6.41E+02	7.93E+03	6.56E+02	**2.04E+01**	**7.73E+02**	**1.32E+02**
F_4	5.53E-02	6.85E-02	8.93E-02	2.49E+01	7.28E+01	8.34E+01	2.52E-15	4.31E-14	4.22E-14	**1.47E-15**	**7.56E-15**	**4.32E-15**
F_5	2.52E+00	3.32E+00	4.26E+00	5.56E+01	2.44E+02	9.56E+01	**1.33E-02**	**5.14E-01**	**7.45E-01**	3.28E+00	8.76E+00	5.05E+00
F_6	1.24E+00	6.27E+00	3.74E+00	1.00E+01	3.28E+01	2.80E+01	8.65E-03	1.19E-02	9.67E-02	**0.00E+00**	**0.00E+00**	**0.00E+00**
F_7	6.46E-03	8.32E-03	7.09E-03	1.58E-03	4.08E-03	8.20E-03	9.01E-05	1.84E-04	4.35E-04	**3.77E-07**	**9.54E-07**	**3.35E-07**
F_8	3.42E-01	3.35E+00	3.41E-01	1.15E+01	8.63E+01	1.88E+01	8.03E-01	2.72E+00	8.67E-01	**0.00E+00**	**0.00E+00**	**0.00E+00**
F_9	1.95E-01	1.03E+00	9.05E-01	1.68E+01	2.76E+01	3.45E+01	**1.15E-02**	**1.56E-01**	**1.23E-01**	2.33E-01	4.50E-01	8.36E-01
F_{10}	2.45E-02	2.27E-01	2.10E-02	2.74E-01	5.37E-01	6.82E-01	4.82E-01	5.38E-01	5.73E-01	**1.99E-02**	**2.12E-01**	**2.05E-02**
F_{11}	1.45E-01	6.78E-01	1.22E-01	2.05E-01	2.40E-01	5.43E-01	2.76E-01	2.98E-01	3.89E-01	**1.02E-01**	**2.37E-01**	**1.90E-02**
F_{12}	7.27E-32	8.76E-32	9.66E-32	3.34E-04	4.22E-04	9.21E-05	1.86E-32	2.87E-32	4.57E-31	**1.11E-32**	**1.71E-32**	**6.89E-32**
F_{13}	1.18E-03	2.10E-03	8.45E-03	3.51E-03	5.09E-02	6.37E-02	**1.68E-33**	**5.54E-32**	**1.99E-32**	3.77E-32	9.03E-32	4.92E-32
F_{14}	1.41E-04	3.65E-04	3.21E-05	1.33E+00	5.93E+00	7.34E+00	0.00E+00	0.00E+00	0.00E+00	**0.00E+00**	**0.00E+00**	**0.00E+00**
F_{15}	7.05E-04	8.90E-04	3.18E-05	4.53E-01	8.87E-01	3.70E-02	**9.89E-09**	**5.89E-08**	**6.92E-08**	3.19E-04	5.29E-04	6.27E-05
F_{16}	4.12E-06	9.01E-06	9.22E-07	9.53E-02	1.01E-01	7.22E-01	2.76E-08	3.85E-08	1.33E-08	**2.67E-09**	**1.51E-08**	**7.32E-08**
F_{17}	9.33E-03	5.05E-02	6.03E-02	5.67E-02	8.56E-02	4.26E-02	8.11E-12	2.83E-10	7.55E-10	**2.17E-15**	**1.44E-14**	**4.77E-14**
F_{18}	6.51E-15	7.38E-15	9.04E-15	1.09E-04	3.75E-04	8.57E-03	6.72E-12	6.04E-11	1.66E-11	**6.06E-15**	**7.05E-15**	**2.56E-16**
F_{19}	7.00E-25	8.77E-25	6.48E-25	7.96E-15	5.70E-14	9.06E-15	3.62E-30	6.45E-30	3.35E-30	**0.00E+00**	**0.00E+00**	**0.00E+00**
F_{20}	9.26E-04	5.76E-03	5.09E-03	4.83E-01	9.32E-01	1.20E-02	1.02E-08	4.65E-08	1.92E-09	**0.00E+00**	**0.00E+00**	**0.00E+00**
F_{21}	1.07E-03	2.38E-03	1.91E-03	2.96E-01	1.34E+00	4.78E-01	1.33E-05	1.10E-04	2.43E-05	**5.29E-08**	**6.14E-07**	**6.60E-08**
F_{22}	4.77E-07	4.31E-06	7.87E-06	1.52E-04	7.66E-04	7.37E-04	2.28E-09	3.27E-09	9.51E-10	**9.60E-12**	**2.89E-10**	**7.31E-10**
F_{23}	9.57E-08	8.65E-07	2.63E-07	2.71E-04	1.47E-03	4.17E-04	4.35E-10	5.34E-09	6.37E-10	**3.55E-12**	**7.34E-11**	**5.78E-12**

维的多峰测试函数，具有多个局部最优；F_{14}～F_{23} 为低维的多峰函数，搜索空间含有少量局部最优。

对于所有的迁移模型，其他的 BBO 参数设置均为：种群数量 N=50，最大迁移率 I=E=1，变异率 $m = 0.01$ 。采用函数评价次数(NFFEs)作为所有算法的终止条件，对于函数 F_1～F_{13}，NFFEs=10000；函数 F_{14}～F_{23}，NFFEs=1000。在每个测试函数上，每个算法均独立运行 50 次，记录并对比算法优化结果的最优值 Best，平均值 Mean 和标准差 Std。

Yao 等(1999)将迁移模型分成两类进行试验结果的对比和讨论。第一类是线性模型，包括模型 1、2 和 3，实验结果如表 3-8 所示；第二类包括模型 3、4、5 和 6，实验结果如表 3-9 所示。同时，对基于 6 种模型的 BBO 算法的实验结果进行了配对 t 检验(自由度：49，可信度：95%)。其中，+表示对比数据之间具有显著性差异。

2. 对比实验结果

由表 3-8 可知，对于大多数测试函数而言，基于模型 3 的 BBO 算法性能要优于其他两个模型，而模型 2 在求解 4 个函数(F_7,F_8,F_{12} 和 F_{18})时表现最优，优化效果最佳。从模型 1 与模型 3、模型 2 与模型 3 的 t 检验结果中可以看出，模型 2、3 只有在 4 个测试函数上的实验结果具有明显性差异，而模型 1 和模型 3 之间在 18 个函数上差异明显。这表明与迁出率相比，迁入率的变化对 BBO 算法优化性能的影响更大。

表 3-9 总结了模型 3、4、5 和 6 在 23 个测试函数上的优化结果。从表中实验结果可知，在优化大多数函数时，模型 6 表现最好，性能明显优于其他模型，模型 5 次之。综合以上的实验结果，改变迁移模型可以有效地提高 BBO 算法的优化性能，且正弦曲线迁移模型的效果最好。

3.6　基于拓扑结构的 BBO 改进算法

拓扑结构常用来描述群体中个体间的邻居关系和交互方式。拓扑结构可以控制信息在群体中的传播方式，直接影响算法的寻优能力和收敛性。基本的 BBO 算法的信息交换方式为全局拓扑结构，即在种群中任意一个个体都有可能被选择为迁出栖息地以更新其他栖息地。对于求解存在局部极值的问题，这样的选择策略会使得种群过快地收敛到某个局部极值中，无法跳出，发生早熟收敛。

根据 BBO 算法的这一特点，Zheng 等(2014b)改变了算法的拓扑结构，使用局部拓扑，即每个栖息地只与其邻近的栖息地进行交流。具体地，引入三种局部拓扑：环形拓扑、方形拓扑及随机拓扑，以提高 BBO 算法的优化性能。

3.6.1 算法改进策略

如图 3-3(a)所示，基本的 BBO 算法采用的是全局拓扑结构，即在种群中，任意两个栖息地都可以进行信息交流，也就是说如果一个栖息地被选择为迁入栖息地，那么种群中任意一个栖息地都有可能成为迁出栖息地。然而，这种迁移模式浪费计算资源，更重要的是，当种群中一个或者多个靠近局部最优的栖息地适应度值较优时，其他的栖息地会很可能向它们学习，因此会导致算法陷入局部最优。

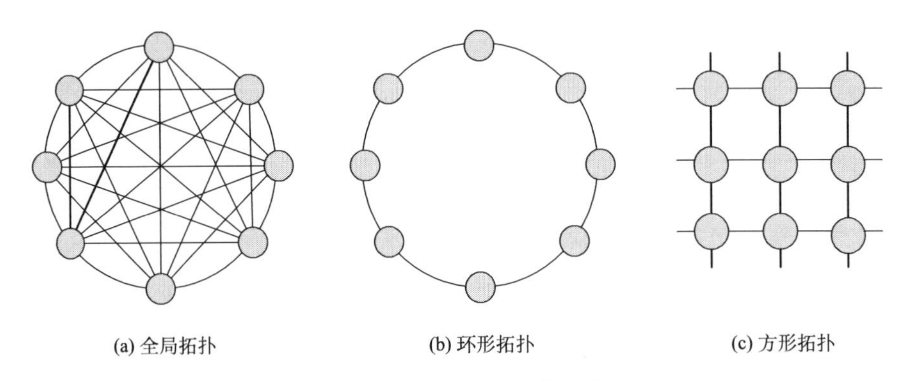

图 3-3　全局、环形、方形拓扑结构示意图

解决这一问题的有效途径是使用局部拓扑结构，每个栖息地仅与其邻近的个体而不是与整个种群中的所有栖息地进行交流。这样，可以充分地探索每个栖息地所在的部分区域。但是值得注意的是，种群中个体之间并不是孤立的，它们通过某些中介个体相互连接，使得信息在不同邻域中流通。因此，该算法可以实现更好地平衡全局搜索(勘探)和局部搜索(开发)。

1. 基于环形拓扑和方形拓扑的 BBO

zheng 等(2014b)引入的第一种拓扑结构为环形拓扑，如图 3-3(b)所示，其中每个栖息地直接与其邻近的两个相连。第二种拓扑结构为方形拓扑，如图 3-3(c)所示，其中栖息地规则地排列于网格中，每个栖息地有四个直接相连的“邻居”。

假定种群中有 n 个栖息地，当使用环形拓扑结构时，每个栖息地 H_i 都有两个“邻居”：$H_{(i-1)\%n}$ 和 $H_{(i+1)\%n}$，其中%为模运算。此时，更新 H_i 的迁出栖息地的选择操作如下。

(1) 令 $i_1=(i-1)\%n$，$i_2=(i+1)\%n$。

(2) if rand() $< \dfrac{\mu_{i1}}{(\mu_{i1}+\mu_{i2})}$，then 选择 H_{i1} 作为迁出栖息地。

(3) else 选择 H_{i2} 作为迁出栖息地。

对于方形拓扑结构，网格的宽度为 w，此时，栖息地 H_i 的“邻居”为：

$H_{(i-1)\%n}$，$H_{(i+1)\%n}$，$H_{(i-w)\%n}$和$H_{(i+w)\%n}$，此时，更新H_i的迁出栖息地的选择操作如下。

(1) 令$i_1=(i-1)\%n, i_2=(i+1)\%n, i_3=(i-w)\%n, i_4=(i+w)\%n$。

(2) 令$r=\text{rand}()$。

(3) if $r<u_{i1}$ then 选择H_{i1}作为迁出栖息地。

(4) else if $r<(u_{i1}+u_{i2})$ then 选择H_{i2}作为迁出栖息地。

(5) else if $r<(u_{i1}+u_{i2}+u_{i3})$ then 选择H_{i3}作为迁出栖息地。

(6) else 选择H_{i4}作为迁出栖息地。

基本的 BBO 算法使用“轮盘赌”方法选择迁出栖息地，时间复杂度为$O(n^2D+nf)$，其中f表示适应度值计算的时间复杂度。当使用环形和方形拓扑结构时，算法每次迭代的计算复杂度降为$O(nD+nf)$。鉴于优化问题的适应度值计算并不复杂，基于环形拓扑的BBO可以节省大量的计算资源。

2. 基于随机拓扑的BBO

环形拓扑结构的邻域大小为 2，方形拓扑结构的邻域大小为 4。设栖息地的邻域大小值为$K(0<K<n)$，当K根据优化问题的特性进行设定时，一种简单的方法是随机选取K个邻近栖息地作为每个个体的“邻居”，即使用随机拓扑结构。算法的具体实施是将栖息地的邻域存储到一个$n\times n$的矩阵$Link$中，如果两个栖息地H_i和H_j直接相连，那么$Link(i,j)=1$，否则$Link(i,j)=0$。然而，这种方法会有如下缺陷。

(1) K必须是一个整数值，限制了参数的可调节性。

(2) 所有栖息地必须具有相同数量的“邻居”。但是，对于一个进化算法构建的社会网络，使某些个体具备更多的信息而其他个体具备较少的信息会得到更好的优化性能(Kennedy and Mendes, 2006)。

一种更加行之有效的方法是让每个栖息地大概具有K个“邻居”，具体地，给定一个伯努利分布，可能的取值为0～$(n-1)$之间的任意值，这样，所有可能的拓扑结构都会出现。因此，任意两个栖息地相互连接的概率为$K/(n-1)$，拓扑结构的确定流程如下。

(1) 初始化一个$n\times n$矩阵。

(2) 赋值$p=K/(n-1)$。

(3) for $i=1$ to n do。

(4) if $\text{rand}()<p$ then $Link(i,j)\leftarrow 1$。

(5) else $Link(i,j)\leftarrow 0$。

这种随机拓扑结构可以增加种群多样性，更加有效地处理多峰优化问题。但是，栖息地的邻域结构会随着收敛状态动态地改变。研究者提出了多种邻域结构的改变策略，如在每次迭代中、经过一定次数的迭代后、经过一次或多次栖息地适应度值未提高的迭代后，重新设置邻域结构。根据经验，常常设置 K 值取 2～4，并且当种群中的最优栖息地的适应度值未得到提高时，重新设置邻域结构。

3.6.2　算法的流程

基于随机拓扑结构的局部 BBO 的算法流程如算法 3-3 所示。

算法 3-3　基于随机拓扑结构的局部 BBO 的算法

1：　随机初始化 n 个栖息地
2：　初始化邻域结构
3：　while 不满足终止条件时　do
4：　for　$i=1$　to　n　do
5：　根据 f_i 计算 λ_i, u_i 和 π_i
6：　for　$i=1$　to　n　do
7：　　for　$d=1$　to　D　do
8：　　　if　$\text{rand}()<\lambda_i$　then
9：　　　　通过概率 u_j，选择满足 $Link(i,j)=1$ 条件的栖息地 H_j
10：　　　　$H_{i,d} \leftarrow H_{jd}$
11：　for　$i=1$　to　n　do
12：　　for　$d=1$　to　D　do
13：　　　if　$\text{rand}()<\pi_i$　then
14：　　　　$H_{i,d} \leftarrow l_d + \text{rand}() \times (u_d - l_d)$
15：　计算栖息地的适应值
16：　更新 $f_{\max}, P_{\max}$ 和最优解
17：　if　最优解未更新　then
18：　　重置邻域结构
19：　return 输出最优解

3.6.3　算法的性能验证

1. 基准函数及算法参数设置

Zheng 等(2014b)使用了 23 个标准测试函数集验证局部 BBO 的优化性能，其中 F_1～F_{13} 为高维的可扩展函数，F_{14}～F_{23} 为低维的具有少量局部最优的函数。高维函数 F_8 和所有低维函数的全局最优均为非 0 值，实验中通过在函数表达式中增加常数项使得这些函数最优值为 0。

实验对比了三种拓扑结构的局部 BBO(分别记做 RingBBO，SquareBBO 和 RandBBO)和基本 BBO 的优化性能。其中，四种算法均设置 $I=E=1$，基本 BBO 中最大突变率 $\pi_{max}=0.01$。由于三种局部 BBO 降低了栖息地之间迁移的影响，所以 π_{max} 设置为 0.02，以提高变异的几率。

实验基于具备 4GB 运行内存的 i5-2520M 美国英特尔处理器的计算机进行。为了对比实验的公平性，所有算法采用相同的种群大小 $n=50$，相同的最大适应度计算数 NFE 作为迭代终止条件。基于随机拓扑的局部 BBO 中，邻域大小 $K=3$。每个对比算法均独立运行 60 次，记录并对比算法获得的最优适应度值的平均值 Mean 和标准差 Std。

2. 对比实验结果

表 3-10 总结了 4 种对比算法的实验结果。从实验结果中可以看出，除了函数 F_7，三种局部 BBO 在所有优化问题上的均值均优于基本的 BBO 算法。特别地，局部 BBO 在这些函数上的优化结果，仅为基本 BBO 的 1%～20%。

表 3-10　基本 BBO 算法与三种局部 BBO 算法的实验结果

函数	NFE	指标	适应度			
			BBO	RingBBO	SquareBBO	RandBBO
F_1	150000	Mean	2.43E+00	2.09E-01•	3.09E-01•	3.26E-01•
		Std	(8.64E-01)	(1.01E-01)	(1.19E-01)	(1.38E-01)
F_2	150000	Mean	5.87E-01	1.96E-01•	1.95E-01•	2.09E-01•
		Std	(8.60E-02)	(3.72E-02)	(4.18E-02)	(3.73E-92)
F_3	500000	Mean	4.23E+00	4.88E-01•	4.09E-01•	3.98E-01•
		Std	(1.73E+00)	(2.09E-01)	(1.58E-01)	(1.58E-01)
F_4	500000	Mean	1.62E+00	7.61E-01•	6.55E-01•	7.00E-01•
		Std	(2.80E-01)	(1.00E-01)	(1.44E-01)	(1.25E-01)
F_5	500000	Mean	1.15E+02	8.06E+01•	6.63E+01•	7.83E+01•
		Std	(3.66E+01)	(2.84E+01)	(3.73E+01)	(3.25E+01)
F_6	150000	Mean	2.20E+00	0.00E+00•	3.33E-02•	3.33E-02•
		Std	(1.61E+00)	(0.00E+00)	(1.83E-01)	(1.83E-01)
F_7	300000	Mean	3.31E-03	6.16E-03°	5.93E-03°	5.90E-03°
		Std	(3.01E-03)	(3.65E-03)	(3.13E-03)	(2.44E-03)
F_8	300000	Mean	1.90E+00	2.44E-01•	2.35E-01•	2.04E-01•
		Std	(8.02E-01)	(1.17E-01)	(9.27E-02)	(5.92E-02)
F_9	300000	Mean	3.51E-01	3.89E-02•	3.94E-02•	3.69E-02•
		Std	(1.40E-01)	(1.73E-02)	(1.18E-02)	(1.06E-02)
F_{10}	150000	Mean	7.79E-01	1.76E-01•	1.77E-01•	1.63E-01•
		Std	(2.03E-01)	(4.02E-02)	(4.85E-02)	(4.21E-02)

续表

函数	NFE	指标	适应度			
			BBO	RingBBO	SquareBBO	RandBBO
F_{11}	200000	Mean	8.92E-01	2.36E-01•	2.35E-01•	2.82E-01•
		Std	(1.01E-01)	(7.00E-02)	(8.34E-02)	(8.34E-02)
F_{12}	150000	Mean	7.35E-02	7.32E-03•	6.29E-03•	7.71E-03•
		Std	(2.87E-02)	(3.68E-03)	(4.23E-03)	(7.19E-03)
F_{13}	150000	Mean	3.48E-01	3.81E-02•	4.19E-02•	3.90E-02•
		Std	(1.23E-01)	(2.81E-02)	(2.87E-02)	(2.71E-02)
F_{14}	50000	Mean	3.80E-03	3.38E-06•	3.44E-06•	2.99E-03•
		Std	(1.01E-02)	(1.41E-05)	(1.87E-05)	(4.25E-03)
F_{15}	50000	Mean	6.59E-03	2.42E-03•	3.52E-03•	2.99E-03•
		Std	(7.70E-03)	(2.12E-03)	(5.23E-03)	(4.25E-03)
F_{16}	50000	Mean	2.61E-03	2.40E-04•	1.55E-04•	2.40E-04•
		Std	(3.85E-03)	(3.71E-04)	(1.51E-04)	(4.87E-04)
F_{17}	50000	Mean	4.71E-03	5.78E-04•	3.90E-04•	6.61E-04•
		Std	(1.18E-02)	(9.65E-04)	(7.37E-04)	(1.05E-03)
F_{18}	50000	Mean	9.30E-01	3.44E-03	3.50E-03	2.54E-03
		Std	(4.93E+00)	(7.08E-03)	(6.32E-03)	(4.54E-03)
F_{19}	50000	Mean	2.59E-04	2.19E-05•	1.41E-05•	2.49E-05•
		Std	(2.37E-04)	(3.62E-05)	(1.66E-05)	(1.97E-05)
F_{20}	50000	Mean	2.83E-02	3.99E-03•	7.95E-03•	3.36E-05•
		Std	(5.12E-02)	(2.17E-02)	(3.02E-02)	(3.63E-05)
F_{21}	20000	Mean	5.08E+00	2.70E+00•	2.95E+00•	3.36E+00•
		Std	(3.40E+00)	(3.39E+00)	(3.63E+00)	(3.67E+00)
F_{22}	20000	Mean	4.25E+00	3.14E+00	3.91E+00	2.32E+00•
		Std	(3.44E+00)	(3.14E+00)	(3.48E+00)	(3.34E+00)
F_{23}	20000	Mean	5.01E+00	3.64E+00•	2.55E+00•	1.98E+00•
		Std	(3.37E+00)	(3.48E+00)	(3.36E+00)	(3.31E+00)
Win				20vs1	20vs1	21vs1

Zheng 等(2014b)同时对 BBO 和三种局部 BBO 的最优结果均值进行了配对 t 检验。如表 3-10 所示，•表示局部 BBO 算法明显优于基本 BBO 算法，° 代表局部 BBO 算法的优化性能明显比基本 BBO 算法的差(95%的可信度)。在表 3-10 的最后一栏统计了三种局部 BBO 分别优于和差于基本 BBO 的数目。从表中可以得出，RingBBO 和 SquareBBO 在 20 个函数上的优化性能明显优于 BBO，RandBBO 在 21 个函数上优化性能明显提高。对于函数 F_{17}，一个低维简单的测试函数的优

化，四种对比算法无明显的差异。而基本 BBO 算法，只有对函数 F_7 的优化效果明显优于其他算法。这是由于 F_7 是只有一个全局最优、带有噪声的函数，且噪声是[0,1]内均匀分布的随机值。对于这种类型的简单函数，基本 BBO 算法的全局拓扑结构更能够免于噪声的干扰。然而，RingBBO 和 SquareBBO 具有较低的时间复杂度，在相同的运行时间下，相比较于基本 BBO 算法，RingBBO 和 SquareBBO 能够搜索到更优的值。因此，对于大多数的不具有噪声的函数和多峰函数，局部拓扑结构可以提高算法的搜索性能。

对于三种局部 BBO 算法的比较，它们的优化结果并没有明显的差异。总的来说，RandBBO 优化能力优于 RingBBO 和 SquareBBO，但是 RandBBO 会消耗更多的计算资源。对于大多数的高维问题，根据算法的均值结果，SquareBBO 要好于 RingBBO，但是根据算法的标准差结果，RingBBO 优于 SquareBBO。

总之，文献提出的三种局部拓扑结构均有效地提高了 BBO 算法的优化性能，RandBBO 和 SquareBBO 提高的效果更明显，RingBBO 算法具有更高的稳定性。

3.7 小　　结

本章对生物地理学优化算法进行了深入的探讨，首先介绍了算法的基本理论模型及其研究与应用进展，然后从新策略、混合算法、参数调节与拓扑结构四个方面，以典型的改进方法为例，介绍了生物地理学算法模型存在的一些固有缺陷及其解决方案，并通过丰富多样的仿真实验验证了不同改进方法的有效性。

第4章　基于稳定性约束 α 动态调节的 GSA 算法

在许多智能优化算法中，重要参数的取值往往对种群的搜索方向和步长、对算法的全局寻优能力都有着决定性的影响。在 GSA 算法中，引力衰减因子 α 影响着算法的收敛速度及勘探与开发能力的平衡。但是，在标准 GSA 及很多 GSA 的改进算法中，所有粒子具有相同的 α 固定值，并没有考虑到粒子在迭代过程中不同的进化状态，因此很容易发生早熟收敛及勘探与开发的失衡。为了解决这一问题，本章提出一种稳定性约束的 α 参数动态调节机制(stability constrained adaptive alpha for GSA，SCAA)。

4.1　算 法 原 理

在 GSA 中，所有粒子都会在 K_{best} 精英粒子集的吸引作用下加速向 K_{best} 中心运动(Mirjalili et al., 2014)。如果该中心位于较好的区域，粒子在迭代过程中，适应度值会越来越好。如图 4-1(a)所示，在时刻 t，K_{best} 中心 c_1^t 靠近全局最优，粒子 M_1^t 在连续几次迭代过程中，适应度值逐渐变好，在这种情况下，应该提高 K_{best} 精英粒子集对种群粒子的引导作用以加强 M_1^t 向 K_{best} 中心的运动趋势，加快种群向全局最优的收敛速度。相反，如果 K_{best} 精英粒子陷入了局部最优，特别是在迭代后期，当 K_{best} 中只有少量的精英粒子时，中心 c_1^t 极有可能离全局最优很远。这样，如图 4-1(b)所示，粒子会出现错误的收敛且适应度值越来越差(Sun et al., 2016c；Mirjalili et al., 2014)。在这种情况下，应该降低 K_{best} 精英粒子集对种群粒子的吸引作用以减弱 M_1^t 向 K_{best} 中心的运动趋势，避免种群陷入局部最优。

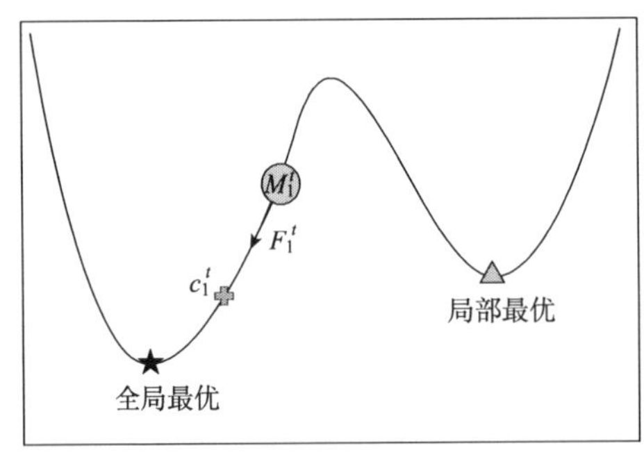

(a) K_{best}中心靠近全局最优

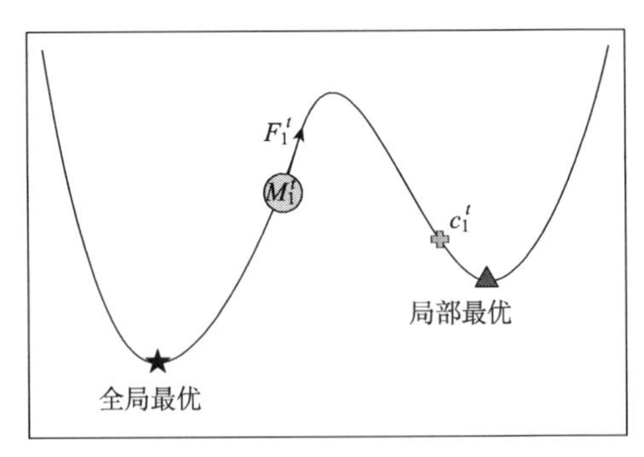

(b) K_{best}中心远离全局最优

图 4-1　粒子运动趋势图

如上所述，粒子在迭代过程中，会有着不同的进化状态：①粒子的适应度值在连续几次迭代中越来越好；②粒子的适应度值在连续几次迭代中没有变优。为达到更好的收敛性能，粒子朝向 K_{best} 精英粒子集的运动趋势应该随着自身的进化状态而动态地改变。

为了评估粒子的进化状态，本章引入两个参数 ns 和 nf，分别表示粒子在迭代过程中连续变优的次数和连续不变优的次数。对于粒子 i，ns_i^t 和 nf_i^t 的初始值均设定为 0。如式(4-1)所示，如果 $\boldsymbol{X}_i^t$ 在新的一次迭代中，适应度值变好，那么 ns_i^t 加 1，nf_i^t 设置为 0；反之，$\boldsymbol{X}_i^t$ 的 nf_i^t 加 1，ns_i^t 设置为 0。

$$\text{ns}_i^t=\begin{cases}\text{ns}_i^{t-1}+1, & \text{if } \text{fit}_i^t<\text{fit}_i^{t-1}\\ 0, & \text{otherwise}\end{cases}\tag{4-1}$$

$$\text{nf}_i^t=\begin{cases}\text{nf}_i^{t-1}+1, & \text{if } \text{fit}_i^t\geqslant\text{fit}_i^{t-1}\\ 0, & \text{otherwise}\end{cases}\tag{4-2}$$

同时，本章设定一个阈值参数 lp 判定粒子处于哪一种进化状态，同时利用改变参数 α 值动态调节引力常量 G，以调整粒子的运动方向和搜索步长。采用粒子的适应度值和位置的变化值作为粒子进化状态的反馈信息来动态调节其参数 α 的取值。公式为

$$\alpha_i^t=\begin{cases}\alpha_i^{t-1}-\text{rand}\times\exp\left(-\dfrac{\left\|\boldsymbol{X}_i^t,\boldsymbol{X}_i^{t-1}\right\|_2}{\max\limits_{j\in\{1,\cdots,N\}}\left\|\boldsymbol{X}_j^t,\boldsymbol{X}_j^{t-1}\right\|_2+\varepsilon}\right)\times\exp\left(\dfrac{\text{fit}_i^t-\text{fit}_i^{t-1}}{\max\limits_{j\in\{1,\cdots,N\}}\left(\text{fit}_j^{t-1}-\text{fit}_j^t\right)+\varepsilon}\right), & \text{if } \text{ns}_i^t\geqslant\text{lp}\\ \alpha_i^{t-1}+\text{rand}\times\left(1-\exp\left(-\dfrac{\left\|\boldsymbol{X}_i^t,\boldsymbol{X}_i^{t-1}\right\|_2}{\max\limits_{j\in\{1,\cdots,N\}}\left\|\boldsymbol{X}_j^t,\boldsymbol{X}_j^{t-1}\right\|_2+\varepsilon}\right)\right)\times\left(1-\exp\left(\dfrac{\text{fit}_i^{t-1}-\text{fit}_i^t}{\max\limits_{j\in\{1,\cdots,N\}}\left(\text{fit}_j^t-\text{fit}_j^{t-1}\right)+\varepsilon}\right)\right), & \text{if } \text{nf}_i^t\geqslant\text{lp}\\ \alpha_i^{t-1}, \quad \text{otherwise} & \end{cases}\tag{4-3}$$

式中，α_i^t 为粒子 i 在 t 时刻的引力衰减因子大小；rand 为[0,1]内的随机数，以增加 α_i^t 的多样性(Khan et al., 2016)。

在 GSA 中，满足稳定性条件可以保证算法的收敛速度和精度。为了保证粒子运动的稳定性，在 t 时刻，对于粒子 i，引力常量 G^t 必须满足式(4-4)(Jiang et al., 2014)。

$$0<G^t<\frac{4(1+w)\times\left(R_{i,j}+\varepsilon\right)}{\sum_{j\in B_i}M_{p_j}^t+\sum_{j\in W_i}M_{p_j}^t}\tag{4-4}$$

式中，w 必须满足稳定性条件：$0\leqslant w<1$；B_i 为适应度值比个体 i 优秀的粒子集；W_i 为适应度值不比个体 i 优秀的粒子集；$M_{p_j}^t$ 代表粒子 j 的历史最优适应度值。

由于参数α决定着G^t的大小，因此式(4-4)可以改写为

$$
\begin{aligned}
&0 < G_0 \times e^{\left(-\alpha \frac{t}{t_{\max}}\right)} < \frac{4(1+w)\times\left(R_{i,j}+\varepsilon\right)}{\sum_{j\in B_i} M_{p_j}^t + \sum_{j\in W_i} M_{p_j}^t} \\
&\Rightarrow 0 < e^{\left(-\alpha \frac{t}{t_{\max}}\right)} < \frac{4(1+w)\times\left(R_{i,j}+\varepsilon\right)}{G_0\times\left(\sum_{j\in B_i} M_{p_j}^t + \sum_{j\in W_i} M_{p_j}^t\right)} \\
&\Rightarrow \frac{t_{\max}}{t}\ln\left(\frac{G_0\times\left(\sum_{j\in B_i} M_{p_j}^t + \sum_{j\in W_i} M_{p_j}^t\right)}{4(1+w)\times\left(R_{i,j}+\varepsilon\right)}\right) < \alpha < \mathrm{Inf}
\end{aligned}
\tag{4-5}
$$

由式(4-5)可知，为了满足稳定性条件，粒子的α值必须大于一定的数值。为了简便，本章设定$\alpha_{\min}^t = \frac{t_{\max}}{t}\ln\left(G_0\times\left(\sum_{j\in B_i} M_{p_j}^t + \sum_{j\in W_i} M_{p_j}^t\right)/4(1+w)\times\left(R_{i,j}+\varepsilon\right)\right)$。所以，当在$t$时刻，粒子$i$的$\alpha$值小于$\alpha_{\min}^t$时，对$\alpha_i^t$进行边界限制：

$$
\alpha_i^t = \alpha_{\min}^t,\quad \text{if } \alpha_i^t < \alpha_{\min}^t \tag{4-6}
$$

在实际的优化过程中，α值太大会导致粒子搜索的停滞。为了解决这个问题，本章设定一个参数$\alpha_{\max}$来控制α的最大值，公式为

$$
\alpha_i^t = \alpha_{\max},\quad \text{if } \alpha_i^t > \alpha_{\max} \tag{4-7}
$$

这样，在每次迭代过程中，对粒子的α值进行边界限制，以保证种群的稳定收敛。

4.2　实验与结果分析

4.2.1　实验设置

为了充分检验SCAA算法的优化性能，本章将其与GSA算法(Rashedi et al., 2009)及4种GSA的改进算法MGSA-α (Li et al., 2014)，FSα (Increase) (Sombra et al., 2013)，FSα (Decrement) (Sombra et al., 2013)和FuzzyGSA进行对比。本章选用了13个基本测试函数(Yao et al., 1999)，所有的测试函数均设置为30维，收敛精度δ设置为0.001。

参数设置方面，所有算法均采用相同的最大适应度计算次数$\mathrm{FEs}_{\max}$和种群大小NP，即统一设置为50与$10000\times D$。鉴于本章所有对比算法在每次迭代中具有相同的适应度计算次数$\mathrm{FEs}=\mathrm{NP}$，迭代次数的最大值设置为：$t_{\max}=\mathrm{FEs}_{\max}/\mathrm{NP}$。本章中，所有算法均独立运行51次以减少随机函数结果的偶然性。对于SCAA，所有粒子的α_0初始值设置为20，参数lp和$\alpha_{\max}$通过敏感度测试设置为2和70。其他对比算法各参数的设置保持与各自原文一致，具体参数如表4-1所示。

表 4-1　实验参数设置

算法	参数设置
GSA (Rashedi et al., 2009)	$G_0=100$，$\alpha=20$
FuzzyGSA (Saeidi-Khabisi and Rashedi, 2012)	$\text{ED}\in[0,1]$，$\text{CM}\in[0,1]$，$t\in[0,t_{\max}]$，$\alpha\in[29,31]$
FS α (Increase) (Sombra et al., 2013)	$t\in[0,100\%]\times t_{\max}$，$\alpha\in[0,150]$
FS α (Decrement) (Sombra et al., 2013)	$t\in[0,100\%]\times t_{\max}$，$\alpha\in[0,150]$
MGSA- α (Li et al., 2016)	$G_0=100$，$\gamma=0.2$，$\eta=10$，$\lambda=25$
SCAA	$G_0=100$，$\alpha_0=20$，$w=1-1/t_{\max}$，$\text{lp}=2$，$\alpha_{\max}=70$

4.2.2　实验结果分析

本章通过搜索精度、稳定性和收敛速度对对比算法进行优化性能评估，使用的指标有：算法所得最优适应度值与真值之差的均值(Mean)、标准差(SD)，收敛得到可行解时需要的最小适应度计算次数(SP)、CPU 运行时间(runtime)和成功率(SR%)。此外，本章使用 Wilcoxon 秩和检验法对算法优势的显著性进行分析，其中，显著性水平设置为 5%。

对比算法的测试结果如表 4-2 和表 4-3 所示。除了 6 个性能指标以外，本章同时对各个算法均值(Mean)结果进行了排序。在表 4-2 和表 4-3 中，h 代表了 Wilcoxon 秩和检验的结果，如果概率值 p-value 小于 0.05，表示两个算法具有显著性的差异。其中，“+”表示 SCAA 显著优于其他算法，“–”表示 SCAA 显著差于其他算法，“=”代表对比算法之间无显著性差异。同时，本章在表 4-2 和表 4-3 的底部对秩和检验的结果进行了统计。

表 4-2　6 种算法在 13 个传统测试函数上的收敛性能

	metrics	GSA	MGSA-α	FuzzyGSA	FSα(Increase)	FSα(Decrement)	SCAA
F_1	Mean	1.188E-17(6)	4.481E-34(3)	7.291E-27(5)	1.322E-38(2)	6.514E-27(4)	**9.162E-58(1)**
	SD	3.398E-18	7.093E-34	2.081E-27	4.230E-38	7.117E-28	**2.283E-57**
	p-value(h)	5.145E-10(+)	5.145E-10(+)	5.145E-10(+)	5.145E-10(+)	5.145E-10(+)	
F_2	Mean	1.727E-08(6)	3.038E-16(3)	4.257E-13(5)	1.247E-18(2)	3.855E-13(4)	**4.558E-20(1)**
	SD	2.829E-09	2.295E-16	5.629E-14	1.094E-18	1.52E-15	**9.218E-20**
	p-value(h)	5.145E-10(+)	5.145E-10(+)	5.145E-10(+)	9.662E-09(+)	5.145E-10(+)	
F_3	Mean	1.500E-02(2)	2.264E+00(3)	1.272E+01(4)	5.556E+01(5)	1.749E+02(6)	**7.700E-03(1)**
	SD	3.010E-02	2.207E+00	7.251E+00	2.557E+01	6.488E+01	**5.600E-03**
	p-value(h)	1.197E-01(=)	5.145E-10(+)	5.145E-10(+)	5.145E-10(+)	5.145E-10(+)	

续表

	metrics	GSA	MGSA-α	FuzzyGSA	FSα(Increase)	FSα(Decrement)	SCAA
F_4	Mean	1.823E-09(6)	5.247E-16(2)	5.486E-14(5)	**1.329E-18(1)**	3.385E-14(3)	5.041E-14(4)
	SD	2.171E-10	2.276E-16	9.236E-15	**6.262E-19**	2.305E-15	2.008E-13
	p-value(h)	5.145E-10(+)	9.104E-01(=)	1.309E-05(+)	1.768E-09(–)	1.309E-05(–)	
F_5	Mean	1.918E+01(2)	2.214E+01(3)	2.387E+01(4)	2.901E+01(5)	3.223E+01(6)	**1.321E+01(1)**
	SD	2.264E-01	1.769E-01	1.743E-01	2.290E+01	3.235E+01	**4.512E-01**
	p-value(h)	5.145E-10(+)	5.145E-10(+)	5.145E-10(+)	5.145E-10(+)	5.145E-10(+)	
F_6	Mean	**0.00E+00(1)**	**0.00E+00(1)**	**0.00E+00(1)**	**0.00E+00(1)**	**0.00E+00(1)**	**0.00E+00(1)**
	SD	**0.00E+00**	**0.00E+00**	**0.00E+00**	**0.00E+00**	**0.00E+00**	**0.00E+00**
	p-value(h)	1.000E+00(=)	1.000E+00(=)	1.000E+00(=)	1.000E+00(=)	1.000E+00(=)	
F_7	Mean	9.24E-02(6)	8.18E-02(5)	1.070E-02(2)	1.240E-02(3)	1.460E-02(4)	**1.050E-02(1)**
	SD	3.560E-02	2.890E-02	**3.200E-03**	5.000E-03	5.200E-03	6.200E-03
	p-value(h)	5.145E-10(+)	5.145E-10(+)	8.293E-01(=)	1.153E-01(=)	2.759E-04(+)	
F_8	Mean	1.149E+04(5)	1.149E+04(5)	9.729E+03(2)	9.953E+03(4)	9.926E+03(3)	**8.811E+03(1)**
	SD	**1.643E+02**	1.674E+02	4.365E+02	4.408E+02	2.908E+02	6.786E+02
	p-value(h)	5.145E-10(+)	5.145E-10(+)	2.939E-07(+)	1.124E-07(+)	2.872E-08(+)	
F_9	Mean	**1.252E+01(1)**	1.270E+01(2)	1.319E+01(4)	1.309E+01(3)	1.461E+01(6)	1.447E+01(5)
	SD	**2.822E+00**	3.125E+00	3.939E+00	2.879E+00	4.293E+00	3.096E+00
	p-value(h)	3.583E-01(=)	3.390E-01(=)	8.586E-01(=)	5.611E-01(=)	7.490E-02(=)	
F_{10}	Mean	2.653E-09(6)	1.837E-14(3)	1.833E-13(5)	4.998E-15(2)	6.303E-14(4)	**4.441E-15(1)**
	SD	3.382E-10	7.548E-15	3.428E-13	1.305E-15	4.679E-15	**6.486E-16**
	p-value(h)	5.145E-10(+)	6.769E-11(+)	5.079E-10(+)	4.700E-03(+)	3.697E-10(+)	
F_{11}	Mean	1.500E-03(4)	7.236E-04(3)	6.500E-03(5)	5.309E-04(2)	3.218E-01(6)	**4.931E-04(1)**
	SD	4.600E-03	3.600E-03	1.490E-02	2.900E-03	4.722E-01	**1.900E-03**
	p-value(h)	1.212E-01(=)	4.652E-01(=)	9.333E-04(+)	1.000E+00(=)	7.614E-09(+)	
F_{12}	Mean	2.000E-03(3)	1.636E-32(2)	5.400E-03(5)	3.200E-03(4)	1.020E-02(6)	**1.573E-32(1)**
	SD	1.450E-02	4.366E-34	2.200E-02	1.620E-02	3.740E-02	**2.900E-35**
	p-value(h)	5.145E-10(+)	1.896E-09(+)	5.145E-10(+)	6.195E-01(=)	5.141E-10(+)	
F_{13}	Mean	1.249E-18(5)	2.121E-32(3)	8.077E-28(4)	1.359E-32(2)	2.154E-04(6)	**1.346E-32(1)**
	SD	3.394E-19	7.685E-33	2.653E-28	9.347E-34	1.500E-03	**2.808E-48**
	p-value(h)	5.145E-10(+)	2.301E-08(+)	5.145E-10(+)	1.902E-01(=)	5.145E-10(+)	
Average Mean_rank		4.0769	2.9231	3.9231	2.7692	4.5385	**1.5325**
	+/=/–	**9**/4/0	**9**/4/0	**10**/4/0	**6**/6/1	**10**/2/1	

1. 搜索性能对比

从表 4-2 中可知，SCAA 在大部分测试函数上优于其他对比算法，表现出最优的搜索精度。对于传统测试函数 F_1～F_{13}，SCAA 在 11 个优化问题上得到最好的 Mean 值。其中，SCAA 在 5 个传统多峰函数(F_8, F_{10}～F_{13})上 Mean 值排第一。这一类的函数在搜索空间中具有多个局部极值，优化算法很容易陷入局部最优。由于引力衰减因子的动态调节机制，SCAA 中种群可以很快地勘探到优秀区域并及时跳出局部最优，达到更优的收敛精度。

根据表 4-2 底部的统计性结果，对比算法在每一个测试函数上的优化结果具有不同的排序，验证了每个智能算法具有不同的优化特性和搜索性能。然而，总体来说，SCAA 取得最小的 Average rank 值，即在所有的对比算法中排序第一，验证了其优异的搜索精度。同时，SCAA 取得了最小的 SD 值，表明了其在 13 个测试函数上表现出最好的稳定性。

2. Wilcoxon 秩和检验结果分析

从表 4-2 非参检验的结果来看，在大多数情况下，SCAA 的优越性都是显著的。对于传统的测试函数，SCAA 分别在 9, 9, 10, 6 和 10 个函数上显著优于 GSA，MGSA-α，FuzzyGSA，FSα (Increase)和 FSα (Decrement)。FSα (Increase)和 FSα (Decrement)只在 F_4 函数上具有显著的优越性，而 GSA，MGSA-α 和 FuzzyGSA 在任意一个传统函数上都无法显著优于 SCAA。

3. 收敛性能对比

为了比较算法的收敛性能，本章记录了 6 种算法在不同测试函数上的 SP，runtime 值及收敛曲线图。

从 SP 结果上看，SCAA 与其他算法相比，具备更好的收敛性能，其在 5 个测试函数(F_1，F_2，F_6，F_{10} 和 F_{13})上得到最小的适应度计算次数。这一结果证明 SCAA 具备更快的收敛速度，本章提出的引力衰减因子调节策略能够有效地降低算法的计算资源消耗。对于各个算法的 runtime 结果，从表 4-3 中可以看出，SCAA 在单峰函数 F_1 和 F_2 上，消耗最小的 CPU 时间。对于其他复杂的函数，SCAA 的 runtime 结果优越性并不突出，具有较高的计算耗时。这主要是因为每次迭代在计算稳定性条件时，需要重复计算一次粒子的质量和距离之间的比值。同时，这一类函数往往全局最优距离局部极值点较远或搜索空间含有大量的局部最优，因此，为了避免陷入这些局部区域，粒子的 α 值需要不断地进行调整以减弱收敛到 K_{best} 精英集的趋势，这样不可避免地导致了运行时间的增加。尽管如此，从表 4-3 的底部统计结果可知，SCAA 在所有测试函数上的平均运行时间排在第二位。FSα (Decrement)算法耗时最小，这主要是因为该算法中 α 的初始值为 150，虽然在之后的迭代中，α 的值不断减小，但是相比较于其他算法，FSα (Decrement)在整个搜索过程中都具有较大的 α 值，提高了算法的收敛速度。然而，较大的 α 值无法很好地勘探搜索空间，容易发生早熟收敛，这也是 FSα (Decrement) 算法收敛精度不高的主要原因。

表 4-3　6 种算法在传统测试函数上的收敛性能对比

	metrics	GSA	MGSA-α	FuzzyGSA	FSα (Increase)	FSα (Decrement)	SCAA
F_1	SP (SR%)	8.03E+04 (**100**)	6.93E+04 (**100**)	5.64E+04 (**100**)	4.43E+04 (**100**)	2.47E+04 (**100**)	**2.41E+04 (100)**
	runtime	14.8011	12.7453	17.4103	10.8446	7.1359	**6.6472**
F_2	SP (SR%)	1.52E+05 (**100**)	1.24E+05 (**100**)	1.03E+05 (**100**)	7.16E+04 (**100**)	5.14E+04 (**100**)	**3.90E+04 (100)**
	runtime	30.5721	24.3482	34.4027	18.1258	13.3601	**12.3655**
F_3	SP (SR%)	**8.65E+04 (33.3)**	Inf (0)	Inf (0)	Inf (0)	Inf (0)	Inf (0)
	runtime	**38.1149**	Inf	Inf	Inf	Inf	Inf
F_4	SP (SR%)	1.18E+05 (**100**)	9.79E+04 (**100**)	8.17E+04 (**100**)	5.88E+04 (**100**)	**3.80E+04 (100)**	7.96E+04 (**100**)
	runtime	23.2371	18.2716	25.4612	14.6428	**9.6580**	20.3386
F_5	SP (SR%)	Inf (0)	Inf (0)	Inf (0)	Inf (0)	Inf (0)	Inf (0)
	runtime	Inf	Inf	Inf	Inf	Inf	Inf
F_6	SP (SR%)	2.65E+04 (**100**)	2.88E+04 (**100**)	1.79E+04 (**100**)	1.94E+04 (**100**)	1.56E+04 (**100**)	**1.09E+04 (100)**
	runtime	4.9064	5.0853	26.0255	4.7630	**1.7719**	3.0915
F_7	SP (SR%)	Inf (0)	Inf (0)	Inf (0)	Inf (0)	Inf (0)	Inf (0)
	runtime	Inf	Inf	Inf	Inf	Inf	Inf
F_8	SP (SR%)	Inf (0)	Inf (0)	Inf (0)	Inf (0)	Inf (0)	Inf (0)
	runtime	Inf	Inf	Inf	Inf	Inf	Inf
F_9	SP (SR%)	Inf (0)	Inf (0)	Inf (0)	Inf (0)	Inf (0)	Inf (0)
	runtime	Inf	Inf	Inf	Inf	Inf	Inf
F_{10}	SP (SR%)	1.28E+05 (**100**)	1.04E+05 (**100**)	8.65E+04 (**100**)	6.12E+04 (**100**)	4.11E+04 (**100**)	**3.84E+04 (100)**
	runtime	25.5664	20.7946	28.3058	15.4832	10.9001	**9.8405**
F_{11}	SP (SR%)	5.77E+04 (**100**)	5.24E+04 (**100**)	4.04E+04 (**100**)	**3.49E+04 (100)**	Inf (0)	3.51E+04 (**100**)
	runtime	11.4403	10.2226	22.7925	**9.0093**	Inf	13.2134
F_{12}	SP (SR%)	4.51E+04 (**100**)	4.19E+04 (**100**)	3.12E+04 (**100**)	2.89E+04 (**100**)	**1.07E+04 (100)**	2.94E+04 (**100**)
	runtime	13.2818	11.9072	16.0448	10.7113	**3.8040**	7.4324
F_{13}	SP (SR%)	6.62E+04 (**100**)	5.65E+04 (**100**)	4.32E+04 (**100**)	3.83E+04 (**100**)	2.01E+04 (**100**)	**1.38E+04 (100)**
	runtime	14.8885	12.6030	15.3931	10.9785	**5.8154**	9.8506
	Num. of smallest SP	1	0	0	1	2	**5**
	Average runtime	19.6454	14.4905	23.2295	11.8198	**7.4923**	10.3474

为了进一步反映不同算法的收敛性能，图 4-2 展示了 6 种算法在不同测试函数上的收敛曲线图。由图可知，SCAA 具备更优的收敛特性。具体地来说，SCAA 在优化传统测试函数 F_1，F_2，F_5 和 F_{10} 时，收敛曲线在迭代前期就迅速下降并在迭代后期达到最优的收敛精度。这些结果证明了 SCAA 能够有效地平衡勘探与开发能力。

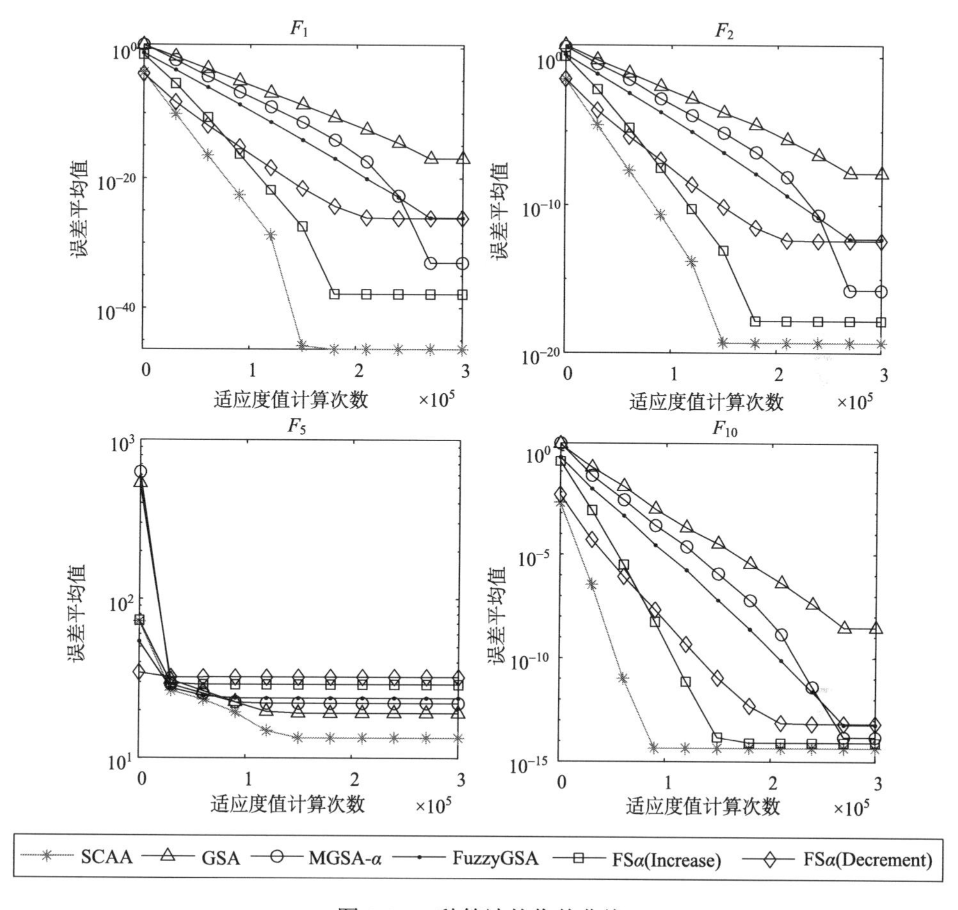

图 4-2　6 种算法的收敛曲线

4.3　小　　结

本章提出一种稳定性约束的 α 参数动态调节机制。该机制在充分分析粒子在不同时期的进化状态之后，利用粒子的位置和适应度信息动态调节参数 α，以使粒子根据自身的状态指导搜索的方向和步长。同时，为了保证种群稳定的收敛及提高收敛精度，引入了基于 GSA 稳定性条件的 α 边界限制机制以限制每次迭代中粒子的 α 值。实验结果证明，SCAA 具有更好的搜索性能、收敛速度和精度。

第5章　基于邻域引力学习的生物地理学优化算法

BBO 算法具有操作简单、参数少、收敛快速等优点(Wang and Wu, 2016)，但是该算法在搜索过程中容易发生早熟收敛而陷入局部最优(范会联和曾广朴，2015)。这主要是因为在迁移操作中，栖息地的更新仅仅通过简单的解变量替换的方式进行，导致算法开采新解的能力较差(范会联等, 2015);同时，“轮盘赌”策略选择的迁出栖息地大部分为优秀解，使得种群主要向优秀栖息地学习，进一步加快了种群多样性的丧失，致使算法陷入停滞状态(毕晓君和王珏，2012)。为解决上述问题，本章提出一种基于邻域引力学习的生物地理学优化算法(neighbor force learning biogeography-based optimization，NFBBO)。

5.1　算法原理

在自然界中，栖息地适应度的提高是通过物种迁移实现的(Simon, 2008)。物种在不同栖息地之间进行迁移时，需要同时考虑两个因素：栖息地适应度和距离。低适应度的栖息地通过接受高适应度栖息地的物种迁移提高自身的质量。物种迁出栖息地的适应度越高，其物种间的竞争也就越激烈，导致迁出的物种对环境的适应能力更强，对迁入栖息地的影响更大。同时，根据地理学邻近效应原理(Zheng et al., 2014a)，栖息地更容易受到邻近栖息地的影响。这主要是因为物种会选择距离较近的栖息地进行迁移，迁移距离越远，物种被猎杀的风险也就越高，距离越近，物种保留得越好(尚玉昌, 2014)。因此，在两个迁出栖息地适应度相同的情况下，迁移距离近的影响大。特别地，当栖息地距离较远时，即使是高适应度的迁出栖息地，对迁入栖息地的影响也较小。栖息地之间的这种相互关系，和引力规律非常类似，因而可以利用引力定律来描述不同物种迁移对栖息地的影响。

5.1.1　NFBBO 迁移策略

在 NFBBO 算法的迁移算子中，对于满足迁入条件的栖息地 X_i^d，计算其与 r 个邻域粒子的适应度差和距离差的比值，选择得到适应度距离比最大的邻域粒子作为迁出栖息地 X_k^d：

$$X_k^d = \arg\max_{j\in r} \frac{\mathrm{HSI}_i - \mathrm{HSI}_j}{\left|X_i^d - X_j^d\right|} \tag{5-1}$$

式中，栖息地 $\boldsymbol{X}_i$ 的 r 个邻域是根据适应度值排序之后，依顺序在 $\boldsymbol{X}_i$ 的两边选取

r/2 个栖息地组成的。这样，迁入栖息地就可以向其邻域中最邻近且优秀的栖息地学习。在选择出合适的迁出栖息地之后，采用引力学习的策略对迁入栖息地进行更新：

$$X_i^d = X_i^d + \text{rand} \times A \times \frac{M\left(X_k\right)}{\left\|X_i - X_k\right\|}\left(X_k^d - X_i^d\right) \tag{5-2}$$

式中，rand 为[0,1]内的随机数；$M\left(X_k\right)$ 为栖息地 $\boldsymbol{X_k}$ 的质量，计算公式为

$$M\left(X_k\right) = \frac{\text{HSI}_k - \text{worst}\left(\text{HSI}\right)}{\text{best}\left(\text{HSI}\right) - \text{worst}\left(\text{HSI}\right)} \tag{5-3}$$

式(5-2)中 A 为空间尺度因子，随着当前解空间的扩大或缩小而增减，计算公式为

$$A = \sqrt{\sum_{d=1}^{D}\left(X^{d(u)} - X^{d(l)}\right)^2} \tag{5-4}$$

式中，$X^{d(u)}$ 和 $X^{d(l)}$ 分别是当前种群的第 d 维解变量的最大值和最小值。

5.1.2　自适应的高斯变异机制

为了使算法更好地搜索到全局最优解，在迭代初期，应使种群更大程度地遍布整个搜索空间，较快地定位最优解的范围；在迭代后期使种群聚集在最优值的邻域范围内，进行更精细的搜索(徐志丹和莫宏伟，2014)。

基于这一点，本章提出一种自适应的高斯变异机制。与随机变异不同，高斯变异是在原解的周围产生一个服从高斯分布的随机扰动(莫愿斌等, 2013)，公式为

$$X_i^d = X_i^d + X_i^d \times \text{Gaussian}\left(0, \sigma\right) \tag{5-5}$$

式中，$\text{Gaussian}\left(0, \sigma\right)$ 是服从高斯均值为 0，方差为 σ 的高斯分布的随机变量。其中，受启发于(Zhan et al., 2009)，本章方差 σ 随着迭代次数逐渐递减：

$$\sigma = 1 - \frac{t}{T_{\max}} \tag{5-6}$$

式中，$T_{\max}$ 为算法的最大迭代次数；t 为算法的当前迭代次数。在迭代初期，σ 的值较大，高斯变异可以产生较大的扰动步长，增大算法的搜索范围；而在迭代的后期，σ 变小，产生的扰动步长较小，主要在当前候选解的局部范围进行精细搜索。同时，变异步长的计算利用了栖息地 X_i^d 的信息，因此，高斯变异机制可以根据不同栖息地在不同进化过程中的状态自适应地产生变异粒子，更加高效地搜索新解，跳出局部最优。

5.2 实验与结果分析

5.2.1 参数设置

为验证算法的有效性，本章采用 10 个具有不同特点的测试函数进行函数优化实验。测试函数的维度 D 均为 30，其表达式、搜索空间 S 及真值 o 如表 5-1 所示。其中 F_1～F_2 为经典测试函数中的单峰函数(Yao et al., 1999)，只有一个最优值，可以检验算法的收敛特性(毕晓君和王珏, 2012)；F_3～F_5 为经典测试函数中的多峰函数(Yao et al., 1999)，含有多个局部极小值，反映了算法跳出局部最优，逼近全局最优解的能力(毕晓君和王珏, 2012)；F_6～F_{10} 为 CEC2015 旋转平移测试函数(Liang et al., 2014)，其全局最优点不再位于搜索空间的中心，且函数变量之间彼此不相关，用来检验算法解决复杂优化问题的能力。

表 5-1　测试函数

函数	函数名称	目标函数	S	o
		单峰函数		
F_1	Sphere	$\min F_1(x)=\sum_{i=1}^{n}x_i^2$	$[-100,100]^D$	0
F_2	Schwefel's 1.2	$\min F_2(x)=\sum_{i=1}^{n}\left(\sum_{j=1}^{i}x_j\right)^2$	$[-100,100]^D$	0
		多峰函数		
F_3	Rastrigin Function	$\min F_3(x)=\sum_{i=1}^{n}\left[x_i^2-10\cos(2\pi x_i)+10\right]$	$[-5.12,5.12]^D$	0
F_4	Ackley Function	$\min F_4(x)=-20\exp\left(-0.2\sqrt{\frac{1}{n}\sum_{i=1}^{n}x_i^2}\right)-\exp\left(\frac{1}{n}\sum_{i=1}^{n}\cos 2\pi x_i\right)+20+e$	$[-32,32]^D$	0
F_5	Griewank Function	$\min F_5(x)=\frac{1}{4000}\sum_{i=1}^{n}x_i^2-\prod_{i=1}^{n}\cos\left(\frac{x_i}{\sqrt{i}}\right)+1$	$[-600,600]^D$	0
		旋转平移函数		
F_6	Rotated High Conditioned Elliptic Function	$\min F_6(x)=\sum_{i=1}^{D}(10^6)^{\frac{i-1}{D-1}}(M_1(x-o))+F_1^*$	$[-100,100]^D$	100
F_7	Hybrid Function 1	$\min F_7(x)=g_1(M_1z_1)+g_2(M_2z_2)+g_3(M_3z_3)+F^*(x)$	$[-100,100]^D$	600
F_8	Composition Function 2	$\min F_8(x)=\sum_{i=1}^{3}\{\omega_i^*[\lambda_i g_i(x)+\text{bias}_i]\}+F^*$	$[-100,100]^D$	1000
F_9	Composition Function 4	$\min F_9(x)=\sum_{i=1}^{5}\{\omega_i^*[\lambda_i g_i(x)+\text{bias}_i]\}+F^*$	$[-100,100]^D$	1200
F_{10}	Composition Function 6	$\min F_{10}(x)=\sum_{i=1}^{7}\{\omega_i^*[\lambda_i g_i(x)+\text{bias}_i]\}+F^*$	$[-100,100]^D$	1400

本章采用基本的 BBO(Simon, 2008)算法及目前改进效果较好的 PBBO(Li et al., 2011)算法、DBBO(Boussaid et al., 2011)算法和 RCBBO(Gong et al., 2010)算

法作为对比算法。为了保证对比试验的公平性，所有算法的终止条件均设置为最大适应度计算数，$\text{FEs}_{\max}=50000$，种群大小为 N=50。同时为了发挥各个对比算法最优的性能，算法的其他参数都按照原文献经过测试后的参数进行设定。NFBBO 算法中最大迁入率 E=1，最大迁出率 I=1，初始变异率 $m_{\max}=0.1$，邻域大小 $r=\lfloor 15\%\times N \rfloor$。

对每个优化函数，每个算法独立运行 30 次，取运行结果的平均值 Mean、标准差 Std、运行时间 runtime（单位：s）(Liang et al., 2014) 进行比较。此外，本章采用 Wilcoxon 秩和检验法(Derrac et al., 2011)对不同算法进行非参统计检验，置信度 $\beta=0.05$。非参检验的实验结果由"h"表示，其中"+"表示测试结果本章算法显著占优；"–"表示测试结果其他算法显著占优；"="表示测试结果不显著，即本章算法与其他算法所得的结果无显著性差异。

5.2.2　实验结果及分析

实验结果如表 5-2 所示，可以看出，NFBBO 算法在所有函数上获得的 Mean 值都是最小的，要明显优于其他 4 种对比算法，充分表现了本章算法在搜索能力和搜索精度上的优越性。这主要是因为 NFBBO 算法迁移操作中的邻域选择策略充分利用了栖息地的邻域信息，增加了种群的多样性；引力学习的更新方式，拓展了解空间，提高了搜索能力，其中空间因子的使用还可以调节搜索的步长，更好地找到全局最优解的范围，并在后期进行精细的搜索。对于含有多个局部极小值的多峰函数 F_3 和 F_5，NFBBO 算法的优化效果更为显著，是唯一一个搜索到真值的算法，而其他算法在这两个函数上的优化效果都较差。这表明 NFBBO 使得种群能够有效地跳出局部最优，收敛到全局最优。在处理复杂的 CEC2015 测试函数时，5 种算法所得到的平均最优值结果都不太理想，这主要是因为旋转平移函数本身比较复杂，函数变量之间不相关，且真值不在函数的搜索空间中心处，加大了全局最优解的搜索难度。同时，BBO 算法本身不具备旋转不变特性，因此基于 BBO 改进的策略在 CEC2015 函数上效果较差。即便如此，相比较于其他 4 种对比算法，NFBBO 的处理效果仍然是最优的。这些实验结果都证明了本章算法在处理不同特点的函数优化问题时的优越性。同时从表 5-2 中各个算法的 Std 值可以看出，NFBBO 算法具有较好的稳定性。除了函数 F_7 和 F_{10}，NFBBO 算法的标准差在其他 8 个测试函数的结果中都是最小的，且效果突出。

同时，算法的搜索效率和收敛速度可以从实验结果表 5-2 的 runtime 和收敛特性曲线中得出。由表 5-2 可知，NEBBO 算法的运算时间在所有单峰函数和多峰函数上都是最小的，验证了 NEBBO 高效的运算速度。尤其是在具有一个局部极值的单峰函数 F_2 上，NEBBO 的运算速度明显优于其他对比算法。图 5-1 给出了 5

种算法对部分测试函数的收敛特性曲线，图中分别采用了 5 种不同的线型表示不同的对比算法。从图 5-1 中可以看出，NFBBO 算法具有优良的收敛性能。对于经典的单峰和多峰函数 F_1、F_2 和 F_5，NFBBO 算法在演化的初始阶段收敛速度就明显快于其他 4 种对比算法，表现出优越的搜索能力，能迅速找到优秀解所在的区域。同时，在收敛曲线中，NFBBO 算法搜索到的最优值也是最小的，具有较高的收敛精度。但是，对一些复杂的 CEC2015 测试函数，算法的收敛速度有所变慢。对函数 F_6，在演化的初期，NFBBO 算法收敛曲线的下降速度要慢于 PBBO 和 DBBO，但是随着迭代的进行，NFBBO 算法的收敛速度明显加快，且达到最好的收敛精度。同样，在函数 F_8 的演化过程中，初期阶段 NFBBO 算法收敛速度要慢于其他算法，随后曲线下降速度加快，当其他 4 种对比算法的收敛曲线不再变化，陷入局部最优时，NFBBO 算法的收敛曲线能够继续下降且收敛到了最好的结果。与以上 CEC2015 测试函数不同，对 F_{10}，NFBBO 算法表现出了明显的收敛性能优势，在整个演化过程中，NFBBO 算法的收敛速度均是最快的且达到了最好的收敛精度。基于以上分析，可以得出 NFBBO 算法具有较快的收敛速度，在处理复杂的函数问题时，能够很好地跳出局部最优，拓展新的搜索区域，找到更加优秀的解集。

表 5-2　5 种算法在不同测试函数上的性能对比

函数	性能指标	BBO 算法	PBBO 算法	DBBO 算法	RCBBO 算法	NFBBO 算法
F_1	Mean	4.268E+00	6.807E-10	8.612E-01	2.300E-02	**6.617E-42**
	Std	9.083E-01	1.271E-09	1.093E+00	1.540E-02	**1.480E-41**
	runtime	Inf	14.72	49.98	97.14	**12.42**
	h	+	+	+	+	
F_2	Mean	8.325E+03	6.380E+02	2.070E+03	1.148E+04	**1.442E-10**
	Std	1.975E+03	2.149E+02	1.129E+03	4.598E+03	**3.512E-10**
	runtime	Inf	503.2	Inf	Inf	**55.56**
	h	+	+	+	+	
F_3	Mean	1.700E+00	6.279E-06	4.890E+00	1.190E+00	**0.000E+00**
	Std	7.185E-01	1.120E-05	1.604E+00	4.718E-01	**0.000E+00**
	runtime	Inf	34.56	120.3	480.5	**15.81**
	h	+	+	+	+	
F_4	Mean	8.665E-01	8.921E-06	3.967E-01	7.100E-02	**4.440E-15**
	Std	1.967E-01	6.242E-06	3.905E-01	1.565E-02	**0.000E+00**
	runtime	Inf	15.90	111.8	314.38	**11.13**
	h	+	+	+	+	

续表

函数	性能指标	BBO 算法	PBBO 算法	DBBO 算法	RCBBO 算法	NFBBO 算法
F_5	Mean	1.019E+00	2.945E-02	4.083E-01	1.626E+01	**0.000E+00**
	Std	3.563E-02	3.889E-02	2.233E-01	5.826E+00	**0.000E+00**
	runtime	Inf	10.03	52.78	Inf	**9.64**
	h	+	+	+	+	
F_6	Mean	1.124E+07	4.984E+06	6.047E+06	1.198E+07	**4.604E+06**
	Std	4.738E+06	2.458E+06	3.854E+06	1.185E+07	**2.838E+06**
	runtime	Inf	Inf	Inf	Inf	Inf
	h	+	=	=	+	
F_7	Mean	7.919E+06	8.506E+05	1.401E+06	2.857E+06	**8.340E+05**
	Std	4.007E+05	**5.823E+05**	1.858E+06	3.253E+06	7.461E+05
	runtime	Inf	Inf	Inf	Inf	Inf
	h	+	=	=	+	
F_8	Mean	3.112E+06	6.391E+05	2.736E+06	8.931E+05	**5.407E+05**
	Std	1.531E+06	2.182E+05	2.099E+06	9.886E+05	**5.253E+05**
	runtime	Inf	Inf	Inf	Inf	Inf
	h	+	=	+	+	
F_9	Mean	1.091E+02	1.079E+02	1.087E+02	1.098E+02	**1.072E+02**
	Std	1.281E+00	7.850E-01	1.399E+00	2.077E+00	**7.754E-01**
	runtime	Inf	Inf	Inf	Inf	Inf
	h	+	+	+	+	
F_{10}	Mean	3.346E+04	3.562E+04	3.318E+04	3.758E+04	**1.816E+04**
	Std	1.086E+03	1.317E+03	1.100E+03	**2.079E+03**	1.149E+04
	runtime	Inf	Inf	Inf	Inf	Inf
	h	+	+	+	+	

表 5-2 中统计了对比算法之间的非参检验结果。从结果中可以看到，除函数 F_6、F_7 和 F_8，其他函数的非参检验结果均为“+”，即与其他对比算法相比，NFBBO 算法具有显著的优越性。对函数 F_6 和 F_7，NFBBO 算法要显著优于 BBO 和 RCBBO，与 PBBO、DBBO 算法无显著性差异。对函数 F_8，与 PBBO 算法无显著差异，但是要显著优于其他函数。从整个非参检验的结果可以得出， NFBBO 算法与其他优化算法相比具有显著的优越性。

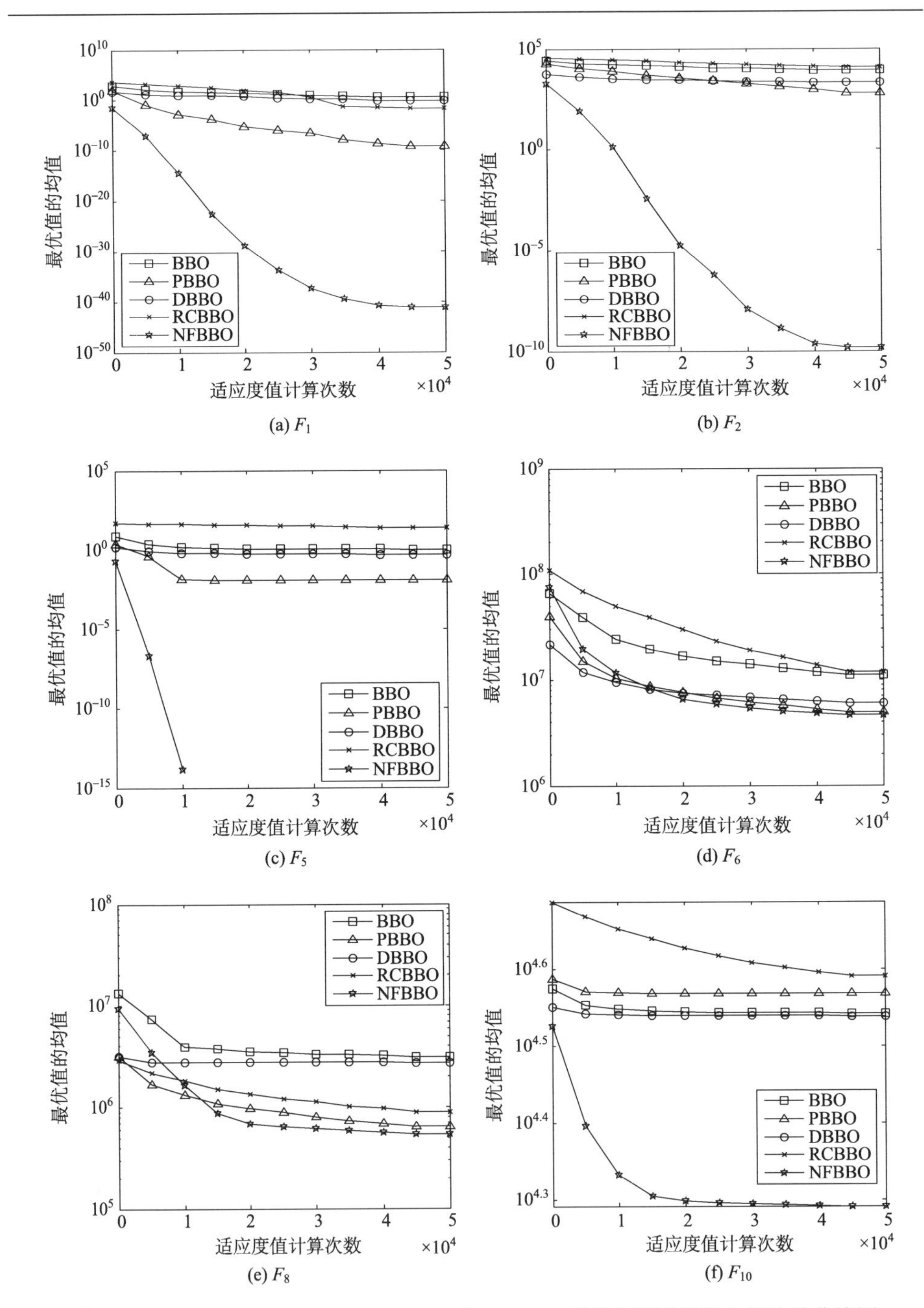

图 5-1　BBO、PBBO、DBBO、RCBBO 与 NFBBO 在部分测试函数上的收敛曲线图

5.3　小　　结

本章提出一种基于邻域引力学习的迁移算子，该算子采用邻域选择策略确定迁出栖息地，并利用引力学习的方式对栖息地进行更新，增加了种群多样性，提高了算法的搜索能力。同时引入了自适应高斯变异机制，充分利用了当前解的信息，使算法能够自适应地跳出局部最优。从实验结果中可以得出，NFBBO 算法不仅收敛速度较其他算法快，而且可以更大程度上逼近全局最优解，在收敛速度和收敛精度上较标准 BBO 算法有较大提高。

第 6 章　基于遗传算法的引力搜索算法

遗传算法和引力搜索算法都是元启发式搜索算法，两者具有很多相似之处：都是随机优化算法、都属于生物进化和群智能计算的范畴。遗传算法的交叉、选择和变异操作，使其具有良好的勘探能力从而成为一种优秀的全局寻优算法，能够有效避免搜索过程陷入早熟收敛，但是局部搜索能力不足，很难精确获取优化结果。在引力搜索算法的搜索过程中，所有粒子都在合力的影响下向着质量最大的粒子运动，这种机制使 GSA 算法的收敛快速，而一旦陷入局部最优，将难以跳出，所以引力搜索算法是一种优良的局部搜索算法，但是全局搜索能力不足。所以，本章将两者各自的优势综合应用，提出一种新的基于遗传算法的引力搜索算法，即混合的 GA-GSA 算法(Zhang et al., 2015b)。

6.1　算 法 原 理

GA-GSA 算法引入遗传算法中的变异操作，以达到不断提高种群多样特性的目的，防止引力搜索算法因陷入局部极值而过早出现不成熟收敛，同时利用了智能优化算法的局部搜索性能，提高搜索精度。变异的实现可以通过很多不同的方式，王岚莹(2012)采取初始值重置的机制进行变异，本章则将粒子进行二进制编码，在基因序列上进行变异，若变异操作之前原基因位的值为 1，变异后赋值为 0；若变异操作之前原基因位的值为 0，则变异后为赋值为 1。所以，GA-GSA 算法的流程如图 6-1 所示。该算法的具体步骤如下。

步骤 1：随机初始化种群 pop。种群中每个粒子的位置 $\boldsymbol{X}_i=(x_i^1,x_i^2,\cdots,x_i^D)$，速度 $\boldsymbol{V}_i=(v_i^1,v_i^2,\cdots,v_i^D)$，其中，$i$=1,2,…,$N$，$N$ 表示种群大小。设置遗传算法的交叉率 Pc 与变异率 Pm，设定搜索空间范围是[lb, ub]，粒子运动速度的范围为[$-V_{\max}$, $V_{\max}$]，每次运行的最大迭代次数是 $T_{\max}$。

步骤 2：计算种群中每一个粒子的适应度值。

步骤 3：将粒子用二进制进行编码，并根据遗传算法的交叉率 Pc 与变异率 Pm 对粒子进行遗传操作。

步骤 4：将粒子的编码方式修改为十进制，更新全局最优粒子的适应度 best(t)、全局最差粒子的适应度 worst(t) 和每个粒子的质量 $M_i(t)$。

步骤 5：计算每个粒子不同维度上的合力 $\boldsymbol{F}$，并更新每个粒子的加速度 $\boldsymbol{a}$。

步骤 6：更新种群内每个粒子的速度 $\boldsymbol{V}$ 与位置 $\boldsymbol{X}$。

步骤 7：终止条件判断。判断当前的迭代次数 t 是否达到最大迭代次数，若不是，则返回步骤 2，重复进行迭代；若是，结束搜索过程并输出当前粒子群中的最优适应度函数对应的粒子 $\boldsymbol{X}_i$ 。

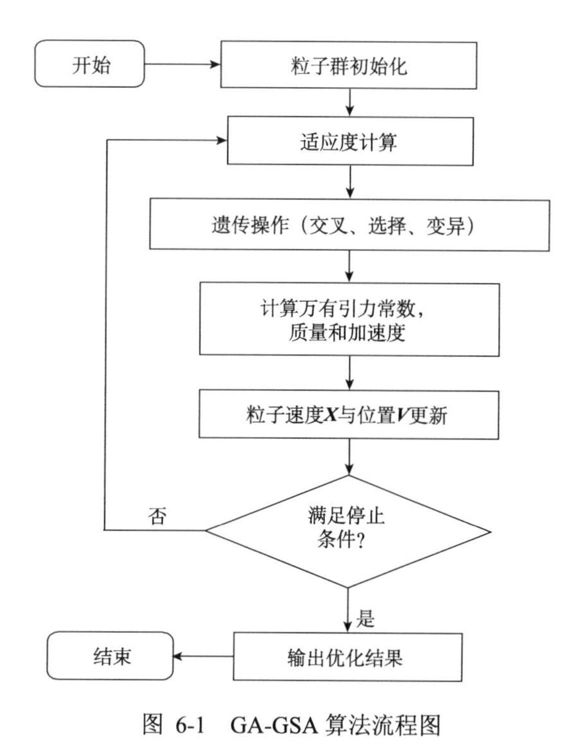

图 6-1　GA-GSA 算法流程图

6.2　实验与结果分析

6.2.1　测试函数

本节选用 8 个标准测试函数验证 GA-GSA 算法的有效性，这些函数包括单峰高维函数、多峰高维函数及固定维的多峰函数，如表 6-1～表 6-3 所示。

表 6-1　单峰测试函数

测试函数	S	最优值
$F_1(X)=\sum_{i=1}^{D}x_i^2$	$[-100,100]^D$	0
$F_2(X)=\sum_{i=1}^{D}\lvert x_i\rvert+\prod_{i=1}^{D}\lvert x_i\rvert$	$[-10,10]^D$	0
$F_3(X)=\sum_{i=1}^{D}(\sum_{j=1}^{i}x_j)^2$	$[-100,100]^D$	0

表 6-2　多峰测试函数

测试函数	S	最优值
$F_{10}(X)=-20\exp(-20\sqrt{\frac{1}{n}\sum_{i=1}^{D}x_i^2})-\exp(\frac{1}{n}\sum_{i=1}^{D}\cos(2\pi x_i))+20+e$	$[-32,32]^D$	0
$F_{11}(X)=\frac{1}{4000}\sum_{i=1}^{D}x_i^2-\prod_{i=1}^{D}\cos(\frac{x_i}{\sqrt{i}})+1$	$[-600,600]^D$	0
$F_{12}(X)=\frac{\pi}{D}\{10\sin(\pi y_1)+\sum_{i=1}^{D-1}(y_i-1)^2[1+10\sin^2(\pi y_{i+1})]+(y_D-1)^2\}+\sum_{i=1}^{D}\mu(x_i,10,100,4)$ $y_i=1+\frac{x_i+1}{4}$ $\mu(x_i,a,k,m)=\begin{cases}k(x_i-a)^m & x_i>a\\ 0 & -a<x_i<a\\ k(-x_i-a)^m & x_i<-a\end{cases}$	$[-50,50]^D$	0

表 6-3　多峰固定维测试函数

测试函数	S	最优值
$F_{20}(X)=-\sum_{i=1}^{4}c_i\exp(-\sum_{j=1}^{6}a_{ij}(x_j-p_{ij})^2)$	$[0,1]^6$	–3.32
$F_{21}(X)=-\sum_{i=1}^{5}[(X-a_i)(X-a_i)^T+c_i]^{-1}$	$[0,10]^4$	–10.1532

6.2.2　实验与结果分析

本章将 GA-GSA 算法的优化效果与 PSO 算法、GSA 算法的优化进行了比较。在三个智能优化算法的所有实验中，种群大小 N 都设定为 50，维度 D 为 30，表 6-1 与表 6-2 中所有测试函数的最大迭代次数为 1000，表 6-3 中的测试函数维度相对较低，所以减少迭代次数，其值设置为 500。

GA 算法中，选用的交叉率为 Pc=0.9，变异率为 Pm=0.2（冯莉等, 2008）。

PSO 算法中 c_1=c_2=2，因为随着优化过程的进行，搜索范围逐步缩小，粒子惯性也应当减小，所以线性权重由 0.9 线性递减到 0.2（Holland, 1975）。

1. 单峰高维测试函数的实验结果

为了比较算法的稳定性与收敛性能，本章将每个函数的测试都单独运行 30 次，对其得到的最优解进行统计分析。本章选用了 30 次独立运行得到的最优适应度值的均值（Average best-so-far）、中值（Median best-so-far），以及每次独立运行得到所有的适应度值的均值（Average mean fitness）这三个指标进行比较分析。结果如表 6-4 所示。

由表 6-4 可知，在所有的测试函数中，GA-GSA 的优化效果都比 GSA 与 PSO

算法要好，并且 GA-GSA 与 GSA 的优化效果都要比 PSO 好。这是由于 PSO 算法是一种较好的全局寻优算法，但是局部开发能力不足，在局部范围搜索时，精度较低。另外，虽然 GSA 对第一和第二个函数的优化效果也较好，但是 GA-GSA 算法表现出了更好的稳定性。而对于 F_3，GSA 与 PSO 算法都陷入了早熟收敛，而 GA-GSA 算法达到了较好的收敛效果。通过对表 6-4 的分析可知，混合了遗传算法的引力搜索算法能够有效避免早熟收敛，陷入局部极值，与原始 GSA 算法及粒子群算法相比，能够达到更好的收敛效果。

表 6-4　表 6-1 中标准测试函数的最小优化结果

函数	统计数据类型	PSO	GSA	GA-GSA
F_1	Average best-so-far	0.14	1.97 E-14	2.58 E-17
	Median best-so-far	0.13	1.97 E-14	2.58 E-17
	Average mean fitness	0.14	3.46 E-14	2.58 E-17
F_2	Average best-so-far	1.17	2.41 E-08	8.17 E-10
	Median best-so-far	1.13	2.47 E-08	7.41 E-10
	Average mean fitness	1.17	3.06 E-08	2.51 E-08
F_3	Average best-so-far	95.97	2.58 E-02	8.73 E-19
	Median best-so-far	73.99	2.55 E-02	7.49 E-19
	Average mean fitness	95.97	2.54 E-02	8.82 E-19

关于各种算法收敛速度的比较，可以通过图 6-2 所示的 F_3 的收敛过程进行分析。

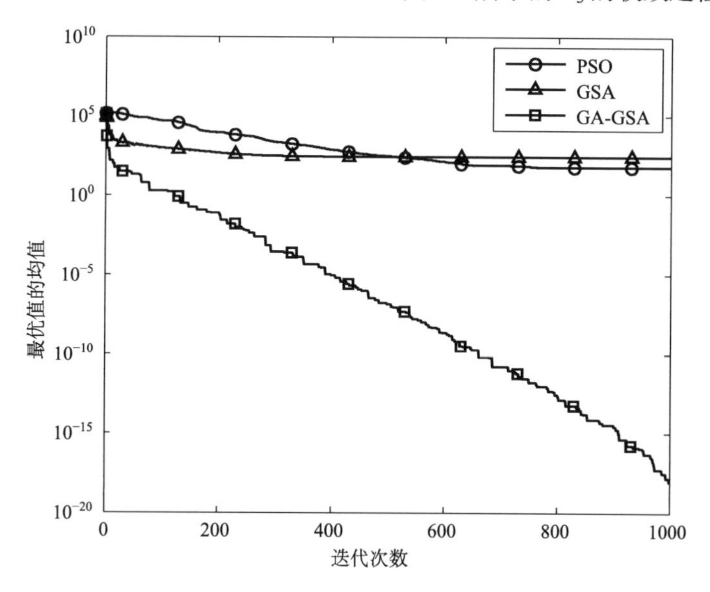

图 6-2　PSO、GSA、GA-GSA 最小化 F_3 的实验结果比较

从图 6-2 可以看出，在达到同等水平的收敛效果时，GA-GSA 算法的迭代次数最少，所以，与原始的 GSA 算法相比，改进后的 GA-GSA 算法具有更快的收敛速度。

2. 多峰高维测试函数的实验结果

这部分实验是针对表 6-2 中的 3 个多峰测试函数进行的，同上述实验，将每个函数的测试都单独运行 30 次，对其得到的最优解进行统计分析。本章选用了 Average best-so-far、Median best-so-far，以及 Average mean fitness 三个指标对实验结果进行比较分析。结果如表 6-5 所示。在智能寻优算法中，由于具备多个局部极值，多峰测试函数几乎是最困难的部分。所以，对于这些函数，优化结果的精度比优化速度重要，其精度更能够反映算法的有效性。

表 6-5　表 6-2 中标准测试函数的最小优化结果

函数	统计数据类型	PSO	GSA	GA-GSA
F_{10}	Average best-so-far	4.12	3.66E-09	4.73E-10
	Median best-so-far	4.20	3.58E-09	3.50E-10
	Average mean fitness	4.12	4.49E-09	4.08E-10
F_{11}	Average best-so-far	30.99	4.83	0
	Median best-so-far	31.73	5.02	0
	Average mean fitness	34.60	4.83	0
F_{12}	Average best-so-far	1.27	0.04	1.33E-19
	Median best-so-far	1.45	1.88E-19	1.31E-19
	Average mean fitness	1.27	0.04	2.10E-19

由表 6-5 所示，在所有的测试函数中，GA-GSA 的优化效果都比 GSA 与 PSO 算法好，并且 GA-GSA 与 GSA 的优化效果都要比 PSO 好。尤其是对于 PSO 与 GSA 找不到最小值的 F_{11} 函数，GA-GSA 实现了较好的寻优。

除此之外，如图 6-3 所示，三种算法对 F_{11} 的函数的优化结果非常直观地描述了改进后的 GA-GSA 算法在收敛速度和收敛精度方面，都具有明显的优势。

3. 多峰固定维测试函数的实验结果

这部分实验是针对表 6-3 中的两个多峰固定维度的测试函数进行的，从维度的取值可以发现，这些测试函数的维度较低，与多峰高维的实验相比，这两个函数不仅能够测试算法的勘探能力，更能够测试算法的开发能力。同上述实验，将每个函数的测试都单独运行 30 次，并选用了 Average best-so-far、Median best-so-far，以及 Average mean fitness 三个指标对实验结果进行比较分析。结果如表 6-6 所示。

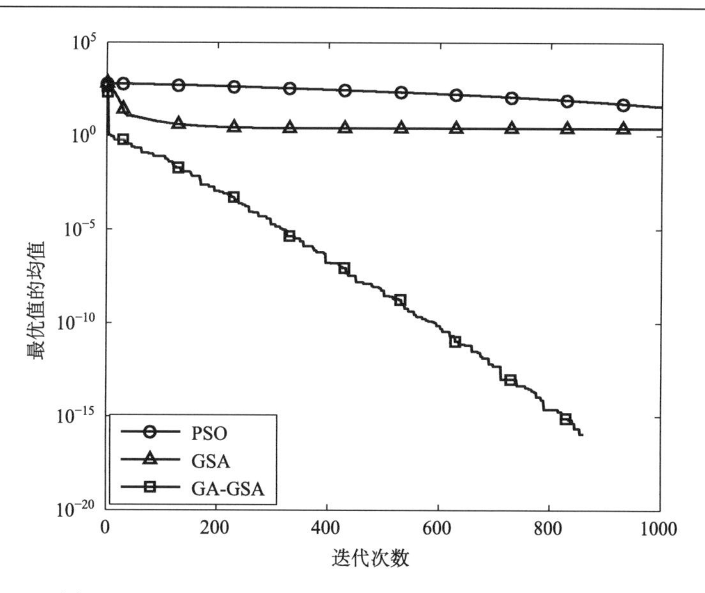

图 6-3　PSO、GSA、GA-GSA 最小化 F_{11} 的实验结果比较

表 6-6　表 6-3 中标准测试函数的最小优化结果

函数	统计数据类型	PSO	GSA	GA-GSA
F_{20}　D=6	Average best-so-far	−3.2506	−3.3220	−3.3220
	Median best-so-far	−3.2031	−3.3220	−3.3220
	Average mean fitness	−3.1812	−3.3220	−3.3220
F_{21}　D=4	Average best-so-far	−8.6591	−4.2259	−10.1532
	Median best-so-far	−10.1532	−2.6829	−10.1532
	Average mean fitness	−8.6591	−4.1769	−10.1532

由表 6-6 可以看出，在这两个测试函数中，GA-GSA 的优化效果比 GSA 与 PSO 算法要好，并且 GA-GSA 与 GSA 的优化效果都要比 PSO 好。尤其是 F_{21} 函数，GA-GSA 算法全部找到了表 6-3 所示的最优值。

此外，对于 F_{21} 函数，虽然新提出的 GA-GSA 算法收敛速度稍慢于 PSO 算法与 GA 算法，但是收敛精度明显优于 PSO 算法与 GA 算法(图 6-4)。

根据上述的实验结果，本章提出的基于遗传的引力搜索算法，即引入了遗传算法的混合 GA-GSA 算法，实现了对遗传算法全局收敛能力与引力搜索算法局部收敛能力、快速收敛能力的综合利用，有效避免了引力搜索算法早熟收敛的问题、提高了搜索精度并保证了收敛速度。

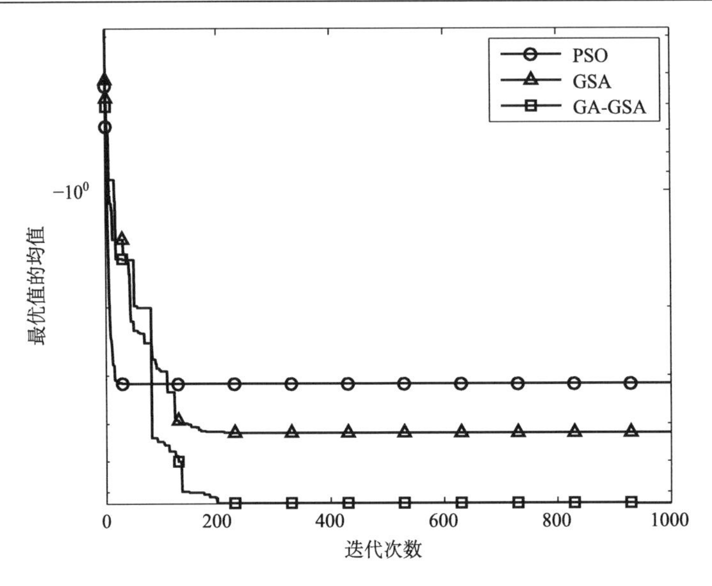

图 6-4　PSO、GSA、GA-GSA 最小化 F_{21} 的实验结果比较

6.3 小　　结

本章深入分析引力搜索算法的搜索与寻优原理，指出该算法存在的容易陷入早熟收敛、计算量大、计算耗时等问题，并结合遗传算法具备交叉、变异的特性与优点，从算法混合的角度出发，对引力搜索算法进行改进，取得了良好的效果。

第 7 章　基于动态邻域学习的引力搜索算法

智能优化算法中粒子之间的信息交流机制对算法的全局寻优性能具有决定性的影响。本章从粒子的邻域拓扑结构入手，深入分析了 GSA 算法中各粒子间的信息交流机制，尤其是其 K_{best} 模型存在的不足，指出了 GSA 算法容易陷入局部最优的根本原因在于 K_{best} 的邻域机制是一个全局模型。在此基础上，进一步分析了不同的邻域模型在信息交流机制方面的特点，从而针对 K_{best} 模型的缺点提出了一种具有全连接特性的局部邻域拓扑结构。同时为了使算法能够根据种群的状态动态调整，提出了动态邻域的概念，构建了基于动态邻域学习的引力搜索算法。

7.1　算 法 原 理

在原始的 GSA 算法中，每个粒子 $\boldsymbol{X}_i$ 都是通过向种群中的其他所有粒子学习来调整自己的速度和位置，从而对搜索空间进行勘探和开发，逐渐提高解的质量。因而，在原始的 GSA 算法中，粒子之间的信息交流本质上是一种全连接的全局邻域拓扑结构，如图 7-1 所示。

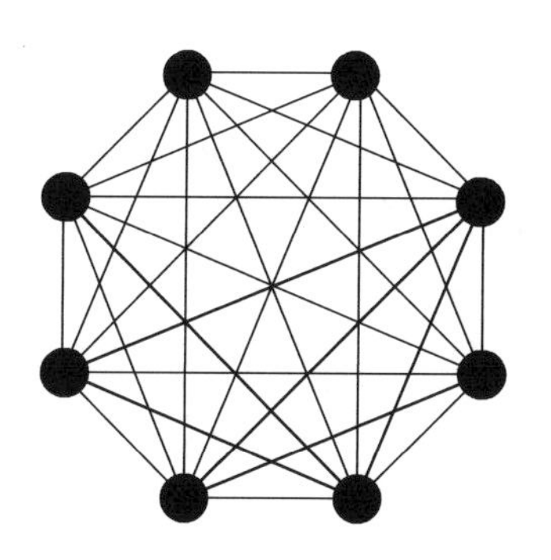

图 7-1　引力搜索算法中的全局全连接拓扑结构

引力搜索算法这种全局学习机制，使其具备了一种典型的学习特性：搜索方向的多样性。也就是说，在一个由 N 个粒子构成的种群中，任意一个粒子都同时向其 N–1 个邻域粒子学习。这种全局学习机制理论简单、易于应用，但是其全连接特性也导致了以下两个问题：①算法运行过程中时间消耗非常高，即时间复杂度比较大；②算法在搜索过程中平衡勘探和开发的能力较差。

为了提高算法的勘探和开发性能，Rashedi 等(2009)提出了一种 K_{best} 模型来改进图 7-1 所示的全局全连接拓扑结构：GSA 算法每次运行完成，就对粒子新的适应度进行排序，然后将前 $N_{K_{best}}$ 个粒子存储在 K_{best} 中。$N_{K_{best}}$ 的数目随着迭代次数逐渐减少。显然，K_{best} 模型能够通过逐渐减小每个粒子的邻域大小，使算法在早期可以大范围、广泛地向多个粒子学习；在算法的后期，逐渐转变为向少数、乃至单个最优粒子学习，从而促进算法勘探开发过程的平衡。

然而，K_{best} 模型并没有完全解决引力搜索算法面临的高计算耗时与早熟收敛问题。一方面，由于线性函数特性导致邻域大小降低缓慢，算法早期仍需要大量的计算，所以计算量依然很高。另一方面，在收敛后期，每个粒子仅被几个精英粒子引导，进一步加快了算法的收敛速度。在这种情况下，一旦粒子收敛到局部极值，将会出现局部震荡跳跃而难以跳出局部极值的现象。更重要的是，K_{best} 模型的每次迭代中，每个粒子都保持了向当前最优粒子学习的特性，因而 K_{best} 模型本质上还是一种全局拓扑结构。因此，从根本上说，GSA 算法仍旧过分强调算法的勘探性能而对开发能力考虑不足。并且，所有的粒子始终同时向存储在 K_{best} 模型中的一组精英粒子学习，完全没有考虑环境异质性对粒子搜索性能的影响。

为了解决上述问题，本章结合具有良好开发能力的局部邻域，提出了一种局部的全连接邻域拓扑结构。在此基础上，为了进一步提高算法的自适应性，提高算法的性能，提出了一种基于动态邻域学习的引力搜索算法（dynamic neighborhood learning-based gravitational search algorithm，DNLGSA）（Zhang et al., 2018）。在 DNLGSA 算法中，首先通过局部邻域与全局邻域的结合提出了一种新型的学习策略。在这种学习策略中，每个粒子都可以向两种粒子学习：①向自己局部邻域内的所有粒子学习；②向全局历史最优粒子学习。并且，这里的局部邻域是根据种群的进化状态动态构建的。具体来说，本章首先了定义两个进化状态指标：种群收敛停滞指标与种群多样性指标。然后基于这两个指标决定每个粒子的局部邻域是否需要重建。此外，本章基于这两个指标提出了一种变异策略，帮助算法跳出局部极值。

7.1.1 局部全连接邻域结构

在传统的局部邻域结构中，每个粒子仅与与之相邻的 k 个粒子中适应度最好的粒子进行信息交流，然后通过各局部邻域之间传递信息，达到向全局最优粒子学习的目的。因而，相比于基于全局邻域的优化算法，基于局部邻域的算法更倾向于对局部邻域的精细搜索，从而有效避免了多样性的快速降低与早熟收敛问题。Shi（2001）也证明了局部邻域的使用能够有效地提高粒子群算法的全局寻优性能。

虽然局部邻域结构在全局寻优性能方面具有优越的性能，但是其局部信息逐渐传递的方式降低了算法的收敛速度，也使得处理复杂问题时耗时过长。为了综合利用全局与局部邻域结构的优势，提高 GSA 算法的性能，DNLGSA 算法构造了一种新的拓扑结构，如图 7-2 所示。在这种拓扑结构中，每个粒子能够通过万有引力充分地向自己邻域的 k 个粒子学习(邻域可以根据粒子标号或者随机生成)，定义为 K_{local}^{i} 模型。显然，相比于 K_{best} 模型，K_{local}^{i} 模型克服了其由全局拓扑结构引起的多样性迅速降低问题，同时保持了引力搜索算法搜索方向多样性的优点。因而，K_{local}^{i} 模型的引入，能够有效增强引力搜索算法的局部搜索能力。

7.1.2　动态邻域学习策略

DNLGSA 算法中的 K_{local}^{i} 模型是通过将种群随机划分来确定的。具体来说，首先将包含 N 个粒子的种群随机均分为 M 个互不重叠的子群，称为局部邻域，即 $\text{DN}=\{\text{DN}_1,\text{DN}_2,\cdots,\text{DN}_M\}$。假设粒子 $\boldsymbol{X}_i$ 属于第 j 个局部邻域 DN_j，则其邻域粒子即为所有存储在 DN_j 中的粒子，如图 7-2 所示。完成局部邻域初始化之后，粒子仅与局部邻域的粒子进行信息交流，不同邻域中的粒子并不交换信息。这样会出现一个后果：万一种群陷入局部最优，而粒子之间缺乏进一步的交流，整个种群就会陷入停滞状态。为了提高算法的自适应性，本章提出了一种基于种群进化状态的局部邻域调整策略。

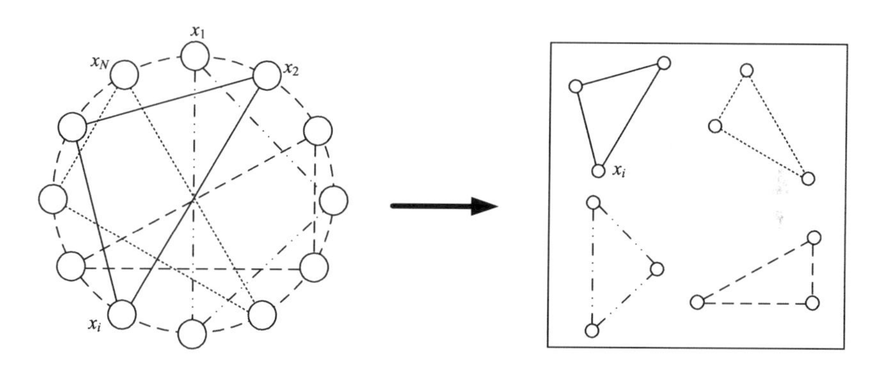

图 7-2　DNLGSA 算法中局部邻域的划分(N=12，M=4)

在 t 时刻，完成局部邻域的划分之后，粒子 $\boldsymbol{X}_i$ 受邻域粒子产生的万有引力引导，其运动速度的更新方式为

$$Lv_i^d(t+1)=\sum\nolimits_{\boldsymbol{x}_p\in \text{DN}_j(t),\boldsymbol{x}_p\neq \boldsymbol{x}_i}\text{rand}\cdot G(t)\frac{\text{Mass}_p(t)}{R_{ip}(t)+\varepsilon}(x_p^d(t)-x_i^d(t)) \tag{7-1}$$

式中，Lv_i^d 为粒子 $\boldsymbol{X}_i$ 受其局部邻域粒子引导在第 d 维度上产生的飞行速度。

除了局部邻域粒子的吸引，粒子 $\boldsymbol{X}_i$ 同时受全局历史最优粒子 **gbest** 的引导，其引导作用表现为

$$Gv_i^d(t+1)=\text{rand}\cdot(g^d(t)-x_i^d(t)) \tag{7-2}$$

式中，Gv_i^d 为粒子 $\boldsymbol{X}_i$ 受其局部邻域粒子引导在第 d 维度上产生的飞行速度。

然后，将 Lv_i^d 与 Gv_i^d 结合，构成 DNLGSA 算法中粒子 $\boldsymbol{X}_i$ 的速度更新方式，即

$$v_i^d(t+1) = \text{rand} \cdot v_i^d(t) + c_1 \cdot Lv_i^d(t+1) + c_2 \cdot Gv_i^d(t+1) \tag{7-3}$$

式中，c_1 与 c_2 的计算公式为

$$c_1 = 0.5 - 0.5t^{1/6} / T_{\max}^{1/6} \tag{7-4}$$

$$c_2 = 0.5t^{1/6} / T_{\max}^{1/6} \tag{7-5}$$

式中，$T_{\max}$ 为最大迭代次数；t 为当前迭代次数。显然，在算法收敛早期(迭代次数较小时)，$c_1>c_2$，粒子倾向于局部搜索；在算法收敛后期(迭代次数较大时)，$c_1<c_2$，粒子倾向于向 **gbest** 的收敛。

对应的，DNLGSA 中粒子 $\boldsymbol{X}_i$ 的位置更新方式为

$$x_i^d(t+1) = x_i^d(t) + v_i^d(t+1) \tag{7-6}$$

综合以上分析，DNLGSA 的主要特点在于：①在 DNLGSA 算法的动态邻域学习策略中，每个粒子可以向邻域内所有粒子学习，保持了 GSA 算法中搜索方向多样性的特性。②DN_j 邻域结构与 K_{local} 模型不同，是动态的局部邻域结构，因而比原来的 K_{best} 模型更适用于复杂问题的求解。③全局历史最优粒子的引入使算法具备了全局邻域结构，因而 **gbest** 的引导能够有效地促进算法的收敛速度。所以，在 DNLGSA 算法中，动态局部邻域学习与全局邻域学习的结合能够有效地提高算法勘探与开发的平衡能力。

7.1.3　基于进化状态的动态局部邻域构建与 gbest 变异

多数传统的局部邻域拓扑结构，如环状拓扑(Chen et al., 2013)和方形拓扑结构(Mirjalili and Lewis, 2014)等，都属于静态拓扑结构，不能够随种群进化状态而发生改变(Kennedy and Mendes, 2002; Rashedi et al., 2011)。在这种静态的邻域结构中，尤其是在如图 7-2 所示的邻域划分方式中，一旦粒子 $\boldsymbol{X}_i$ 陷入了局部极值，它将不能与邻域外的粒子进行信息交流，从而导致算法陷入停滞。为了克服这一问题，DNLGSA 提出基于两个进化状态的评估指标，动态地构建局部邻域并对 **gbest** 进行变异。

1. *种群收敛停滞指标*(gm)

在 DNLGSA 算法中，**gbest** 粒子的引导作用是非常重要的，其对所有粒子通过差分法施加直接的吸引。一旦 **gbest** 的质量在连续几次迭代之后不能得到提高，其他粒子将逐步收敛到该粒子所在位置，整个算法的解将难以得到改善。尤其是在算法收敛的早期，**gbest** 的位置极有可能是局部极值，从而导致整个种群过早地陷入收敛停滞状态。为了较准确地描述种群的这种进化状态，本章首先设置了一个指标 cnm 来统计 **gbest** 粒子的更新状态。在算法初期，cnm 被设置为 0，如果

完成一次迭代后，**gbest** 质量得以提高，cnm 的值加 1。显然，cnm 的值越大，种群越可能陷入停滞。基于此，本章引入了一个种群收敛停滞指标(gm)来判断种群是否陷入停滞：

$$\begin{cases} \text{cnm} > \text{gm}, & \text{停滞} \\ \text{cnm} \leqslant \text{gm}, & \text{继续收敛} \end{cases} \tag{7-7}$$

为了跳出这种停滞，一种典型的方法是对 **gbest** 粒子做变异。另外，基于局部邻域结构的特点，还进行了邻域的动态调整。这种邻域动态调整策略和 **gbest** 变异策略是基于建立在种群多样性指标(PD)上的。

2. *种群多样性指标*(PD)

种群多样性是描述种群在搜索空间分布的范围与广度的一种指标，具体构建方法为，对于包含 M 个子群的局部邻域结构，在 t 时刻，首先计算 M 个子群各自的中心位置：

$$\text{CDN}_i(t) = \sum\nolimits_{j \in \text{DN}_i(t)} \boldsymbol{X}_j \big/ k \tag{7-8}$$

式中，$\text{DN}_i(t)$ 为第 i 个子群，包含 k 个粒子。

基于各粒子的中心位置，可以进一步计算种群的多样性 PD：

$$\text{PD}(t) = \frac{1}{M} \sum\nolimits_{i=1}^{M} \sqrt{\sum\nolimits_{d=1}^{D} (\text{CDN}_i^d(t) - \overline{\text{CDN}^d}(t))^2} \tag{7-9}$$

其中，

$$\overline{\text{CDN}^d}(t) = \frac{\sum_{i=1}^{M} \text{CDN}_i^d(t)}{M} \tag{7-10}$$

式中，$\text{CDN}_i^d(t)$ 是 t 时刻第 i 个子群的中心在第 d 维度的位置，$\overline{\text{CDN}^d}(t)$ 是 t 时刻整个种群在第 d 维度的位置。

在 DNLGSA 算法中，当 **gbest** 粒子的质量在连续的 gm 次迭代中不能提高，种群的多样性 PD 的值会出现两种情况：高或者低，对应种群的两种收敛状态，如图 7-3 所示。图中表示的是 Step 函数(Beheshti et al., 2015)的两种收敛状态。其中，搜索空间的维度设置为 D=2，种群的大小设置为 N=50。如图 7-3(a)所示，在迭代早期(t=19)时，PD 的值较高(PD=12.78)，此时种群散布在一个较广的范围，并且 **gbest** 的位置(黑色星形符号)距离全局最优解(坐标原点(0,0)位置)位置比较远。此时，算法应该对搜索空间进行广泛的搜索，即认为种群应该处于勘探阶段。而在迭代后期(t=211)，此时 PD 的值会变得很小(PD=0.2584)，种群粒子集中到一个非常小的范围内，如图 7-3(b)所示。此时 **gbest** 的位置非常接近全局最优解，算法应该在这个小的范围里进行小步长精细搜索，即认为种群处于开发阶段。

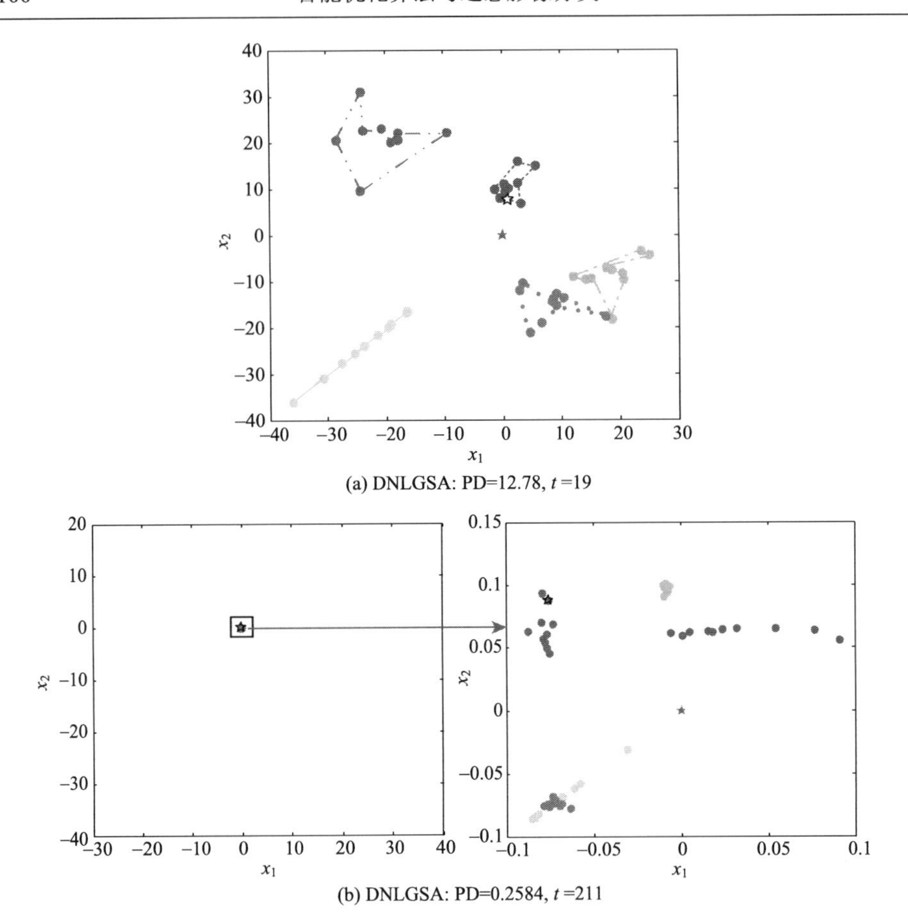

(a) DNLGSA: PD=12.78, t=19

(b) DNLGSA: PD=0.2584, t=211

图 7-3　当 **gbest** 粒子的质量在连续 gm 次迭代中不能提高时种群的分布状态

综上所示，基于 gm 和 PD 两个指标，可以判断种群的进化状态，然后基于此执行动态的邻域构建与 **gbest** 离子的变异，具体操作方法如下。

步骤 1：**gbest** 粒子进化状态的追踪。

在每次迭代中，跟踪 cnm 的值，如果 cnm 大于 gm，则执行步骤 2。

步骤 2：各邻域的重新构建与 **gbest** 的变异。

首先计算种群多样性 PD，预先设置一个较小的阈值 Th(0<Th<1)并判断种群进化状态。

(1)状态 1：PD>Th。

这种情况下，PD 的值较大，如图 7-3(a)所示，算法应该致力于对搜索空间的勘探。为了实现这一目的，需要对各邻域进行重新划分，从而使不同邻域之间进行信息交换。为了简化算法，采用随机算法对局部邻域重新划分，即基于粒子的标号，将种群随机地重新划分为 M 个子群。除此之外，为了帮助算法跳出当前的局部极值，同时对 **gbest** 粒子进行较大步长的变异。

为了增强算法的自适应性，本章基于种群多样性 PD 的值来确定 **gbest** 粒子变异的尺度：

$$\text{newg}^{d}(t)=g^{d}(t)+\text{PD}\cdot U(-1,1),\qquad \text{if}\ \ \text{PD}>\text{Th} \tag{7-11}$$

式中，$U(-1,1)$为$[-1,1]$内的随机数，这种随机的方式使变异操作在各个方向上产生不同的步长，即使其具备多样性，帮助粒子在半径为 PD 的范围内充分地勘探搜索空间。

(2) 状态 2：$\text{PD}\leqslant\text{Th}$。

根据图 7-3(b)的描述，在 PD 非常小的情况下，算法处于开发阶段，应该对 **gbest** 粒子的局部范围进行精细搜索，因而本章引入一个搜索半径控制因子 $\text{RD}\in(0,1)$ 来缩小 **gbest** 的变异步长：

$$\text{newg}^{d}(t)=g^{d}(t)+\text{RD}\cdot\text{PD}\cdot U(-1,1),\qquad \text{if}\ \ \text{PD}\leqslant\text{Th} \tag{7-12}$$

根据不同进化状态对算法执行不同操作之后，如果新的 **gbest** 粒子质量有所提高，则接受该粒子，并向其学习。同时，cnm 的值被设置为 0。然后，算法进入下一次循环。算法具体的流程如图 7-4 所示。

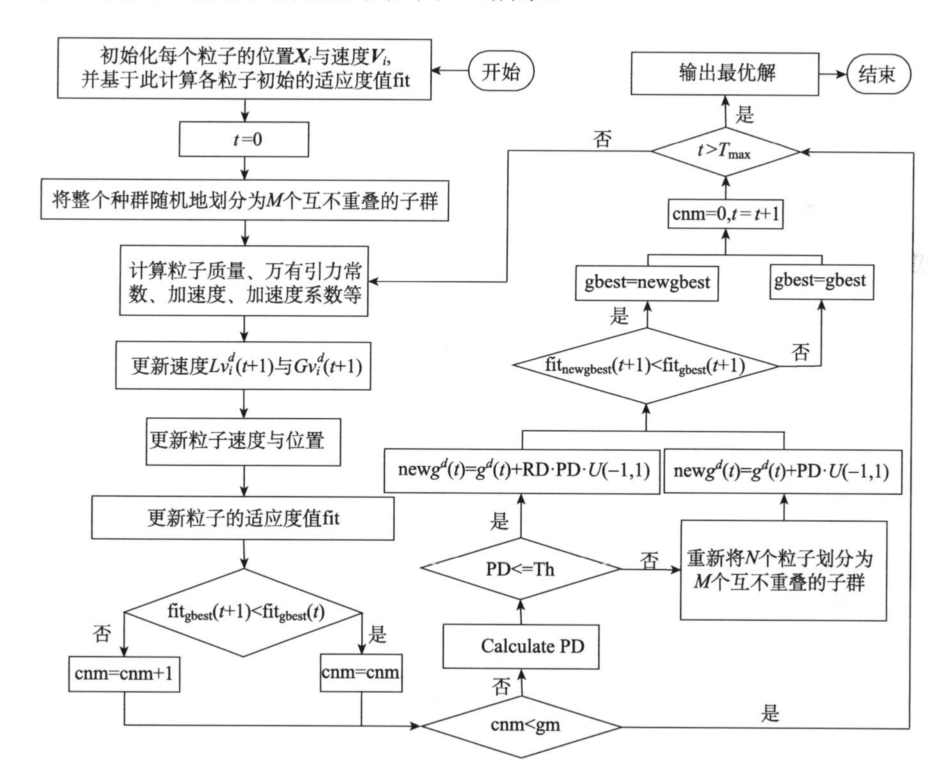

图 7-4　DNLGSA 算法流程图

7.2　实验与结果分析

7.2.1　实验设置

为了充分检验 DNLGSA 算法的有效性，本章选用了包括 13 个传统测试函数与 14 个新型测试函数在内的 27 个测试函数进行了数据实验。其中，前 13 个函数被称为测试集 1，包括 7 个单峰测试函数(F_1～F_7)与 6 个多峰测试函数(F_8～F_{13})(Rashedi et al., 2009)；后 14 个测试函数被称为测试集 2，来源于 CEC2015 的旋转平移测试函数(Liang et al., 2014)。这些测试函数中，单峰测试函数通常用于检验算法的收敛性能，多峰测试函数适用于检验算法的勘探性能，CEC2015 的测试函数更为复杂，能够测试算法处理复杂问题的能力(Gong et al., 2016; Yu et al., 2014)。本章的对比算法包括 GSA 算法与 4 种 GSA 的改进算法 PSOGSA(Mirjalili and Hashim, 2010)、GGSA(Mirjalili et al., 2014)、FGSA(Saeidi-Khabisi and Rashedi, 2012)与 FLGSA(Sombra et al., 2013)。

参数设置方面，各算法的通用参数设置为：种群大小 N 与最大适应度计算次数 FEs_{max} 统一设置为 50 与 1000000。对于 DNLGSA 算法，其参数 gm，Th，RD，k 等的设置通过测试分别为 5，0.4，0.5，10。对比算法中，各参数的设置保持与各自原文一致，具体参数如表格 7-1 所示。

表 7-1　实验参数设置

算法	参数值
GSA	G_0=100, α=20, $k\in[N,2]$
PSOGSA	G_0=100, α=20, $k\in[N,2]$
GGSA	G_0=100, α=20, $k\in[N,2]$
FGSA	ED $\in$ [0,1],CM $\in$ [0,1], $\alpha\in$ [29,31], $k\in[N,2]$
FLGSA	$\alpha\in$ [0,150], $k\in[N,2]$
DNLGSA	G_0=100, α=20, k=10, gm=5, Th=0.5, RD=0.4

7.2.2　实验结果分析

比较实验结果时，为了避免随机函数结果的偶然性，本章对每个算法独立运行 30 次获得的实验结果进行了统计分析。在算法收敛精度方面，使用的指标包括算法所得最优适应度值与真值之差的均值(Mean)、标准差(Std)、最优值(Best)。相应的实验结果如表 7-2～表 7-6 所示。在算法收敛速度和稳定性方面，分别选用了收敛得到可行解时需要的最小适应度计算次数(FEs)、CPU 运行时间(CPU)和成功率(SR%)。此外，为了对算法优势的显著性进行分析，本章使用 Wilcoxon 秩和检验法(García et al., 2009)。其中，显著性水平设置为β=0.05。如果概率值 p-valuc 小于 0.05，则表示两个算法的差异具有显著性。

1. 测试集 1 的实验结果

单峰测试函数 F_1～F_7 的测试结果如表 7-2 和表 7-3 所示。在表格的底部对表内数据进行了统计。其中“*w/t/l*”分别表示 DNLGSA 算法在 *w* 个函数上占优，在 *t* 个函数上结果相当，在 *l* 个函数上表现较差。“#BME”表示 DNLGSA 算法在各测试函数上取得最优解的次数。“+/=/–”是 Wilcoxon 秩和检验的结果，分别表示 DNLGSA 算法显著占优、与其他算法没有显著差异，以及比其他算法显著差。

表 7-2　算法收敛性能测试(F_1～F_7)

函数	指标	GSA	PSOGSA	GGSA	FGSA	FLGSA	DNLGSA
F_1	Mean	6.33E-18	9.50E-20	1.51E-18	1.90E+00	2.11E-02	**1.53E-27**
	Best	9.88E-18	3.02E+02	3.63E-18	2.34E+00	8.33E-02	**2.14E-27**
	Std	3.51E-19	1.56E+00	3.49E-18	4.06E+00	7.21E-02	**5.11E-26**
	p-value	0.00+	0.00+	0.00+	0.00+	0.00+	
F_2	Mean	1.32E-08	2.53E-09	4.22E-09	5.60E+00	5.67E-01	**1.66E-14**
	Best	3.84E-08	1.50E+01	1.01E-08	7.99E+00	7.65E-01	**2.07E-14**
	Std	1.74E-09	1.13E+01	3.93E-09	3.88E+00	6.27E-01	**5.06E-14**
	p-value	0.00+	0.00+	0.00+	0.00+	0.00+	
F_3	Mean	1.25E+00	4.67E+05	6.06E-17	1.76E-08	1.37E-10	**2.71E-37**
	Best	2.04E+00	2.01E+04	5.35E+04	1.57E-09	8.37E-11	**1.26E-41**
	Std	4.39E-01	2.67E+03	5.27E+03	3.48E-08	5.56E-10	**4.68E-37**
	p-value	0.00+	0.00+	0.00+	0.00+	0.00+	
F_4	Mean	1.32E-09	3.93E-10	8.67E-10	6.67E-01	7.71E-02	**2.98E-15**
	Best	9.45E-10	1.64E-10	2.54E-10	3.66E-01	6.91E-02	**3.82E-16**
	Std	8.04E-09	3.22E-10	5.29E-10	9.78E+00	5.83E-02	**8.39E-15**
	p-value	0.00+	0.00+	0.00+	0.00+	0.00+	
F_5	Mean	**3.41E+00**	5.11E+01	1.53E+01	1.12E+03	3.16E+01	8.19E+00
	Best	2.17E+01	1.35E+01	1.36E+01	2.63E+01	2.67E+01	**7.85E+00**
	Std	6.72E+00	4.35E+00	5.41E+00	5.02E+02	1.95E+00	**3.51E-01**
	p-value	1.09	0.00+	0.00+	0.00+	0.00+	
F_6	Mean	**0**	**0**	**0**	1	**0**	**0**
	Best	**0**	**0**	**0**	1	**0**	**0**
	Std	**0**	**0**	**0**	0	**0**	**0**
	p-value	#	#	#	0.00+	#	

续表

函数	指标	GSA	PSOGSA	GGSA	FGSA	FLGSA	DNLGSA
F_7	Mean	7.57E-03	7.25E+01	1.61E+01	1.92E+01	8.51E-03	**2.60E-03**
	Best	3.49E-02	8.19E+01	3.72E+01	2.14E+01	9.75E-03	**2.00E-03**
	Std	4.55E-03	5.19E+00	5.52E+01	3.16E+01	6.08E-03	**4.96E-04**
	p-value	0.00+	0.00+	0.00+	0.00+	0.00+	
w/t/l		5/1/1	6/1/0	6/1/0	7/0/0	6/1/0	
#BME		2	1	1	0	1	**6**
+/=/–		5/2/0	6/1/0	6/1/0	7/0/0	6/1/0	

表 7-3　算法速度与稳定性测试(F_1～F_7)

函数	指标	GSA	PSOGSA	GGSA	FGSA	FLGSA	DNLGSA
F_1	FEs	211150	178000	228100	N/A	N/A	**38950**
	CPU	30.62	27.12	34.31	N/A	N/A	**2.18**
	SR%	**100**	40	**100**	0	0	**100**
F_2	FEs	392000	325000	404600	N/A	N/A	**93900**
	CPU	57.50	52.06	60.88	N/A	N/A	**5.19**
	SR%	**100**	40	**100**	0	0	**100**
F_3	FEs	N/A	N/A	24050	1500	1500	650
	CPU	N/A	N/A	4.49	0.32	0.26	0.04
	SR%	0	0	25	**100**	**100**	**100**
F_4	FEs	273900	241200	302750	N/A	N/A	**39000**
	CPU	38.31	33.88	42.32	N/A	N/A	**1.96**
	SR%	**100**	**100**	**100**	0	0	**100**
F_5	FEs	N/A	N/A	N/A	N/A	N/A	N/A
	CPU	N/A	N/A	N/A	N/A	N/A	N/A
	SR%	0	0	0	0	0	0
F_6	FEs	82950	57600	119850	N/A	33250	**5550**
	CPU	11.92	8.28	17.45	N/A	5.70	**0.29**
	SR%	**100**	**100**	**100**	0	**100**	**100**
F_7	FEs	192300	N/A	N/A	N/A	49750	**2650**
	CPU	28.94	N/A	N/A	N/A	9.65	**0.15**
	SR%	**50**	0	0	0	**100**	**100**
Avg-SR%		64.29	40	60.71	14.29	42.86	**85.71**

从表 7-2 可以看到，DNLGSA 在除 F_5 函数外的 6 个单峰函数上都取得了最好的收敛精度结果，证明了其具备更好的开发能力。并且，从非参检验的结果来

看，在大多数情况下，DNLGSA 的优越性都是显著的。对于 F_5 函数，所有的测试算法都没能找到可行解。在算法的收敛速度方面，从表 7-3 可以明显地看到在每一个可以得到可行解的函数上，DNLGSA 的 FEs 和 CPU 都是最小的，这表明 DNLGSA 具备快速收敛与低匀速复杂度的特性。这一结果充分证明本章提出的动态邻域结构能够有效降低算法的计算耗时。并且，SR%的结果也证实 DNLGSA 在测试集 1 上表现出最好的稳定性。

多峰测试函数 F_8～F_{13} 的实验结果如表 7-4 和表 7-5 所示。从表 7-4 所示的实验结果可以看到，除函数 F_8 与 F_{13} 之外，DNLGSA 算法在其他 4 个参数函数上均能得到可行解，而其他 GSA 的改进算法都难以解决函数 F_9 与 F_{11} 的优化问题。尤其对于函数 F_9，在 6 种测试算法中，DNLGSA 是唯一能够解决该函数的算法。表 7-4 底部所示的非参检验结果也证实在函数 F_8～F_{11} 上，DNLGSA 都显著优于 5 种对比算法。这可能是由于动态的邻域结构能够有效地增强粒子间的信息交换，从而促进了算法的全局搜索能力。在算法的收敛速度与稳定方面，与单峰测试函数的结果类似，DNLGSA 算法也表现出良好的性能，如表 7-5 所示。

表 7-4　算法收敛性能测试（F_8～F_{13}）

函数	指标	GSA	PSOGSA	GGSA	FGSA	FLGSA	DNLGSA
F_8	Mean	1.51E+04	1.07E+04	8.44E+03	9.26E+03	9.82E+03	**6.18E+03**
	Best	9.88E+03	6.22E+03	6.87E+03	9.11E+03	9.24E+03	**5.23E+03**
	Std	2.07E+03	4.72E+03	6.37E+02	8.24E+02	1.35E+03	**5.13E+02**
	p-value	0.00+	0.01+	0.00+	0.00+	0.00+	
F_9	Mean	2.35E+01	1.31E+02	1.98E+02	3.00E+02	2.78E+01	**0**
	Best	1.39E+01	1.39E+01	1.01E+02	1.57E+02	1.75E+01	**0**
	Std	6.40E+01	8.42E+01	5.07E+01	4.91E+02	2.17E+01	**0**
	p-value	0.00+	0.00+	0.00+	0.00+	0.00+	
F_{10}	Mean	2.19E-09	2.86E-10	8.73E-10	2.44E+00	1.29E-01	**6.84E-14**
	Best	1.07E-09	2.14E-10	4.14E-10	2.05E+00	2.11E-02	**5.66E-15**
	Std	3.45E-09	6.94E-10	8.23E-10	6.08E+00	1.93E-01	**5.46E-14**
	p-value	0.00+	0.00+	0.00+	0.00+	0.00+	
F_{11}	Mean	**0**	4.18E-02	3.94E-02	1.18E-01	1.20E-03	**0**
	Best	**0**	3.59E-02	2.41E-02	8.44E-02	7.99E-04	**0**
	Std	**0**	4.28E-02	6.52E-02	1.35E-01	4.91E-03	**0**
	p-value	#	0.00+	0.00+	0.00+	0.00+	
F_{12}	Mean	5.02E-20	6.20E-22	6.44E-21	2.56E-02	3.47E-04	**3.08E-27**
	Best	3.18E-21	2.45E-22	2.06E-21	3.15E-03	1.96E-04	**0**
	Std	6.15E-20	7.54E-21	4.66E-21	5.73E-03	4.79E-04	**3.25E-27**
	p-value	0.00+	0.00+	0.00+	0.00+	0.00+	

续表

函数	指标	GSA	PSOGSA	GGSA	FGSA	FLGSA	DNLGSA
F_{13}	Mean	3.37E-19	1.36E-20	7.56E-20	1.84E+00	7.36E-03	**2.09E-25**
	Best	5.67E-20	1.02E-20	3.59E-20	1.24E+00	2.54E-03	**5.78E-26**
	Std	6.09E-19	2.38E-20	7.20E-20	2.54E+00	3.68E-03	**6.09E-25**
	p-value	0.00+	0.00+	0.00+	0.00+	0.00+	
w/t/l		5/1/0	6/0/0	6/0/0	6/0/0	6/0/0	
#BME		1	0	0	0	0	**6**
+/=/–		5/1/0	6/0/0	5/1/0	6/0/0	6/0/0	

表 7-5　算法速度与稳定性测试(F_8～F_{13})

函数	指标	GSA	PSOGSA	GGSA	FGSA	FLGSA	DNLGSA
F_8	FEs	N/A	N/A	N/A	N/A	N/A	N/A
	CPU	N/A	N/A	N/A	N/A	N/A	N/A
	SR%	0	0	0	0	0	0
F_9	FEs	N/A	N/A	N/A	N/A	N/A	**58700**
	CPU	N/A	N/A	N/A	N/A	N/A	**3.38**
	SR%	0	0	0	0	0	**100**
F_{10}	FEs	306050	267800	319100	N/A	N/A	**50100**
	CPU	44.61	39.96	47.62	N/A	N/A	**2.70**
	SR%	**100**	**100**	**100**	0	0	**100**
F_{11}	FEs	133000	N/A	N/A	N/A	43950	**48200**
	CPU	20.03	N/A	N/A	N/A	8.00	**2.85**
	SR%	**100**	0	0	0	**100**	**100**
F_{12}	FEs	97100	62200	114600	N/A	38050	**650**
	CPU	16.81	10.76	20.00	N/A	7.33	**0.05**
	SR%	**100**	**100**	**100**	0	**100**	**100**
F_{13}	FEs	161450	131950	186500	N/A	48400	**31000**
	CPU	27.76	22.62	33.33	N/A	9.49	**1.81**
	SR%	**100**	**100**	**100**	0	**100**	**100**
Avg-SR%		66.67	50	50	0	50	**83.33**

2. 测试集 2 的实验结果

对于 CEC2015 的 14 个测试函数(F_{101}～F_{1014})，本章进行了算法收敛精度(30 次独立运行获得适应度误差的均值与方差)与算法显著性的检验，所得结果如表 7-6 和表 7-7 所示。从表中可以看出，DNLGSA 算法在 8 个测试函数上获得了最好的收敛结果，在 3 个函数上取了排名第二的结果。对应的非参检验也表明，在

14 个复杂函数上，DNLGSA 相比于 GSA、PSOGSA、GGSA、FGSA、FLGSA 算法，分别在 13、12、9、10、12 个函数上获得了显著占优的实验结果，这充分证明了本章提出的 DNLGSA 算法的优越性。

表 7-6　函数算法收敛性能测试（F_{101}～F_{1014}）

函数	指标	F_{101}	F_{102}	F_{103}	F_{104}	F_{105}	F_{106}	F_{107}
GSA	Mean	7.63E+08	1.24E+10	2.01E+01	2.59E+02	3.95E+03	4.88E+06	1.44E+02
	Std	3.02E+09	7.92E+09	1.24E-01	4.96E+01	7.97E+02	4.23E+06	3.66E+02
PSOGSA	Mean	8.63E+06	8.58E+07	2.03E+01	6.31E+01	2.23E+03	4.14E+05	1.10E+01
	Std	2.28E+06	1.22E+07	2.13E-02	6.56E+01	2.87E+02	9.47E+04	2.18E+00
GGSA	Mean	3.61E+05	8.01E+07	**2.00E+01**	3.79E+01	2.83E+03	6.81E+05	6.12E+01
	Std	**3.94E+05**	3.03E+08	**0.00E+00**	3.62E+01	3.96E+02	5.77E+05	3.26E+01
FGSA	Mean	5.23E+06	**4.97E-14**	**2.00E+01**	8.09E+02	4.29E+03	**1.57E+03**	1.67E+01
	Std	2.12E+06	**1.72E-14**	4.24E-07	1.64E+02	1.75E+02	**3.01E+03**	3.15E+01
FLGSA	Mean	**2.83E+05**	9.37E+09	2.02E+01	5.04E+02	2.16E+03	2.12E+05	6.33E+01
	Std	7.09E+06	3.56E+10	3.65E-02	1.14E+02	**1.34E+02**	1.40E+05	3.42E-01
DNLGSA	Mean	1.86E+06	6.42E+07	**2.00E+01**	**1.53E+01**	**1.28E+03**	4.07E+05	**1.00E+01**
	Std	2.64E+06	3.97E+07	**0.00E+00**	**3.29E+01**	3.00E+03	3.09E+05	**0.00E+00**
rank of DNLGSA		3	2	**1**	**1**	**1**	2	**1**

函数	指标	F_{108}	F_{109}	F_{1010}	F_{1011}	F_{1012}	F_{1013}	F_{1014}
GSA	Mean	1.73E+06	1.10E+02	4.09E+06	4.72E+02	1.52E+02	4.20E+00	7.49E+04
	Std	6.28E+05	4.40E+02	6.77E+06	9.81E+03	6.39E+02	3.48E+00	9.26E+03
PSOGSA	Mean	5.42E+05	1.19E+02	2.83E+03	3.34E+02	1.06E+02	2.93E-02	3.55E+04
	Std	7.39E+05	2.17E+03	7.01E+03	7.80E+02	7.83E+02	2.26E-02	7.58E+03
GGSA	Mean	6.53E+03	**1.03E+02**	7.82E+04	2.37E+02	2.00E+02	**9.35E-03**	**8.06E+02**
	Std	**1.22E+03**	**3.02E+01**	3.96E+04	4.72E+02	5.64E+02	**9.22E-03**	**1.00E+02**
FGSA	Mean	1.81E+06	6.22E+02	**1.05E+03**	4.03E+02	3.62E+02	4.15E+02	3.31E+04
	Std	5.68E+07	5.23E+03	**4.70E+02**	9.34E+02	1.73E+02	9.43E+02	5.89E+03
FLGSA	Mean	6.63E+03	1.45E+02	2.14E+04	3.18E+02	1.88E+02	2.72E-01	3.31E+04
	Std	5.66E+03	1.33E+02	1.45E+04	4.47E+02	1.53E+02	1.21E-02	4.19E+03
DNLGSA	Mean	**1.86E+03**	**1.03E+02**	1.05E+07	**1.30E+02**	**1.00E+02**	1.53E-01	3.12E+04
	Std	5.62E+03	3.12E+01	2.74E+07	**3.66E+02**	**7.08E+01**	5.29E-01	6.04E+04
rank of DNLGSA		**1**	**1**	6	**1**	**1**	3	2

表 7-7　Wilcoxon 秩和检验结果统计（F_{101}～F_{1014}）

算法	GSA	PSOGSA	GGSA	FGSA	FLGSA
Sig-Better	13	12	9	10	12
Sig-Worse	1	2	4	3	2

7.3 小　　结

邻域拓扑结构直接影响智能优化算法中粒子之间的信息交流效率，对算法的寻优性能起着非常重要的作用。在 GSA 算法中，算法的勘探开发都是通过调整 K_{best} 模型中粒子的数目来实现的。虽然该模型能够在一定程度上发挥作用，但是 K_{best} 模型本质上是一种全局邻域结构的特性，粒子之间进行信息交流时没有考虑个体搜索环境的异质性，导致 GSA 算法在收敛过程中过分强调粒子与全局最优位置之间的信息交换，而不能对解空间进行充分的勘探。DNLGSA 算法从粒子之间的邻域结构入手，提出一种根据种群进化状态实时构建的局部全连接邻域拓扑结构来促进算法的勘探能力。在 DNLGSA 算法中，每个粒子都通过向自己局部邻域内的 k 个粒子及全局历史最优粒子 **gbest** 学习更新自己的速度与位置。DNLGSA 中全局与局部邻域结构的结合，能够有效地平衡算法的勘探与开发能力。此外，为了进一步促进勘探开发过程的平衡，本章引入随时间变化的加速度系数来自适应的根据算法的收敛状态调节算法全局与局部学习的性能。虽然 DNLGSA 算法存在参数较多的问题，在各种不同性质的测试函数上，该算法均表现出优越的收敛性能、收敛速度和稳定性。DNLGSA 算法表现出的优越性，使其有望解决高分辨率遥感影像处理中面临的特征选择与分类器设计、优化等问题。

第8章　基于GSA算法的高分辨率遥感影像特征选择

高分辨遥感影像为描述地物目标提供了丰富的空间细节信息，使得地物的精细分类成为可能。为了充分利用高分辨率遥感影像的空间信息，尤其是纹理信息，研究者提出了许多空间信息描述方法。一般而言，获取的特征越接近地物的真实特征，分类的精度就越高。但是由于地面场景异常复杂，要想提取地物的完备特征是不可能的。同时，过多的特征一方面导致运算量急剧增加，另一方面也会出现 Hughes 现象(Gao and Xu, 2015; Hughes, 1968)，降低分类精度。为了有效地处理高分辨遥感影像，在获取高维特征之后，需要进行特征选择，即进一步选择信息量大，相关性小的特征子集。

特征选择的本质是一个寻优过程，即特征优化问题实际是一个优化问题。传统的优化算法需要较为明确的数学表达方式，有固定的结构和参数，处理复杂的高分辨遥感影像特征时，面临计算耗时、容易陷入局部最优的问题。为了更有效地解决特征选择问题，本章将具有全局寻优与随机搜索特性的 DNLGSA 算法引入高分辨率特征选择领域，通过设计二进制编码方案，实现特征空间与优化算法的映射。然后综合考虑特征子集的特征数目与基于该子集的影像分类精度设计目标函数，构建了基于 DNLGSA 算法的特征选择方法。

8.1　光谱与纹理特征提取

8.1.1　光谱特征提取

像元的光谱特征是与地物目标的性质息息相关的。不同目标组成成分、结构不同，在不同波段对太阳光的反射就会有很大区别，因此高分辨率遥感影像的光谱特征是后续影像分割、分类等研究的基础。此外，如果在原始光谱空间内地物区分存在困难，可以对像元的多光谱特征进行变换域分析，进一步提取有益的波谱特征。例如，基于近红外和红光波段构建的归一化差分植被指数(normalized difference vegetation index，NDVI)可以增强影像上的植被信息，通过消除部分辐射误差增加信息提取的准确度(Pettorelli, 2013)；而基于近红外与绿波段构建的归一化水体指数(normalized difference water index，NDWI)能够实现水体较高精度的提取(McFeeters, 2013)。

与多波段的遥感卫星影像具有多个维度的光谱特征不同，航空摄影获取的高分辨率影像通常只有红绿蓝(red green blue，RGB)三个维度的光谱特征，这三个分量构成了一个颜色空间。虽然很多多光谱影像中的特征指数无法在航拍影像上应用，当处理 RGB 形式的航拍影像时，可以通过颜色空间的转换(如 HSV 变换)、主成分分析法(principal component analysis，PCA)对影像中的特征进行增强与提取。

8.1.2　纹理特征提取

纹理普遍存在于图像之中，它表现为空间图像上地物目标的结构存在重复性，而图像的灰度也随之出现重复特性。对于细节信息比较丰富的图像，传统的图像分割技术难以满足精度要求，就需要对图像的纹理信息进行提取，得到图像的纹理特征，从而实现图像的高精度分割。本章主要通过提取影像的灰度共生矩阵纹理与 Gabor 纹理，分析影像的纹理特征。

1. 灰度共生矩阵

灰度共生矩阵反映的是像素之间的空间相关性，具备尺度与方向两个特性，尺度一般用滤波窗口的大小调整，方向一般选 0°、45°、90° 和 135°。本章选用灰度共生矩阵中的熵、方差、对比度、均值、均质性五个统计量对高分辨率遥感影像的纹理特征进行提取。

2. Gabor 滤波

自 1946 年提出以来，Gabor 滤波器在信号与图像处理领域发挥了重要的作用，也迅速从一维滤波器发展到了二维滤波器，实现了在不同方向与带宽的纹理信息分析。典型的二维 Gabor 滤波器函数是基于高斯函数调制的复正弦函数，其傅里叶变换公式一般表示为

$$g(x,y,\theta_k,\lambda,\sigma_x,\sigma_y)=\frac{1}{2\pi\delta_x\delta_y}\exp[-\pi(\frac{x_{\theta_k}^2}{\delta_x^2}+\frac{y_{\theta_k}^2}{\delta_y^2})]\cdot\exp(\frac{2\pi i x_{\theta_k}}{\lambda}) \tag{8-1}$$

式中，λ 和 θ_k 分别为正弦波的波长和方向。θ 的定义如下：

$$\theta_k=\frac{\pi}{n}(k-1)\quad(k=1,2,\cdots,n) \tag{8-2}$$

式中，n 为 Gabor 滤波器的方向个数；σ_x 与 σ_y 分别为包络在 x 和 y 方向上的标准差，其与 λ 的比值即为 Gabor 滤波器的带宽。x_{θ_k} 与 y_{θ_k} 的定义为

$$\begin{cases}x_{\theta_k}=x\cos\theta_k+y\sin\theta_k\\ y_{\theta_k}=-x\sin\theta_k+y\cos\theta_k\end{cases} \tag{8-3}$$

观察公式可以发现，Gabor 滤波器中，滤波模板主要是由波长参数 λ 和方向参数 n 共同确定的。此外，Gabor 滤波器包含实部与虚部两部分，实际的应用中可以根据需求择一或者全部使用。图 8-1 与图 8-2 分别为基于 5 个方向、4 个尺度

设计二维 Gabor 滤波器后，得到的实部与虚部 Gabor 核函数效果图。

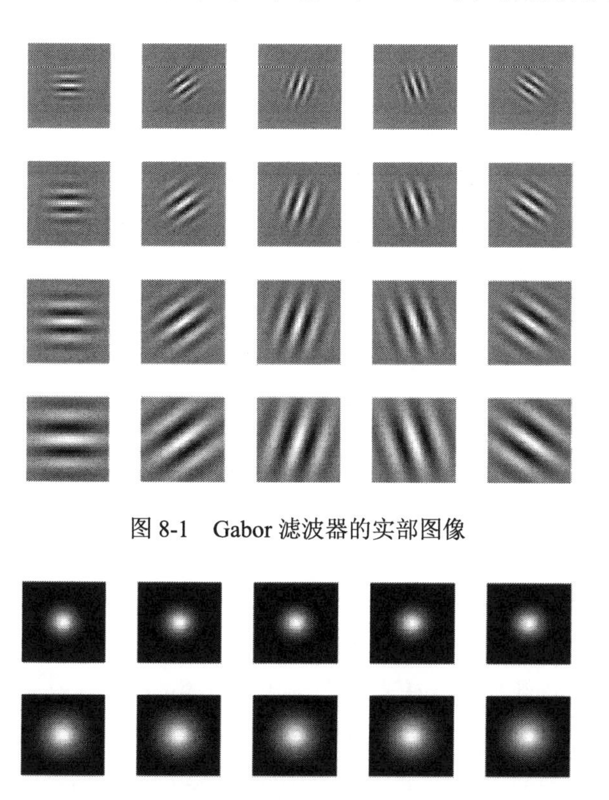

图 8-1　Gabor 滤波器的实部图像

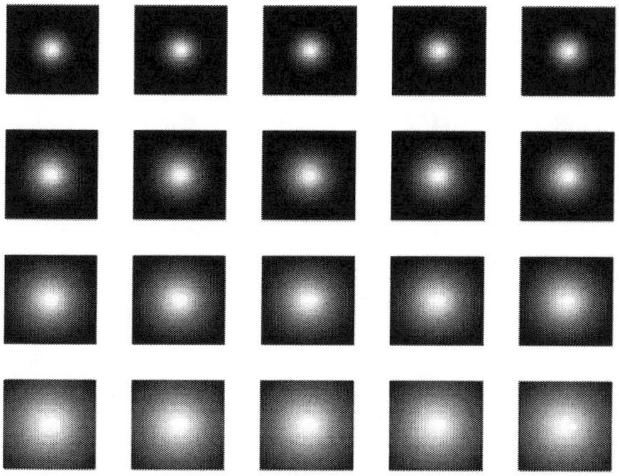

图 8-2　Gabor 滤波器的虚部图像

8.2　基于 DNLGSA 的特征选择

特征选择问题是一个典型的 0-1 组合优化问题。获得高分辨遥感影像的高维特征集之后，为了实现自动特征选择，首先要对初始种群中的 N 个粒子进行二进制编码。编码信息包括位置信息 $\boldsymbol{X}$ 与速度信息 $\boldsymbol{V}$。对每个粒子的速度 $\boldsymbol{V}_i$，可以初始化为 0。对于粒子位置 $\boldsymbol{X}_i$，其编码为 $\boldsymbol{X}_i=[x_i^1,x_i^2,\cdots,x_i^d,\cdots x_i^D]$，其中，$D$ 为待选择的特征总数，x_i^d 的值为 0 或 1；即对于一组备选特征集，如果对应一个特征的编码为 1，该特征被选择，否则不被选择。如图 8-3 所示，若 x_i^d 的值为 0 表示第 d 个特征向量被舍弃；反之，若 x_i^d 的值为 1 则表示第 d 个特征被选择。本章采用随机方法进行初始编码，每个粒子 $\boldsymbol{X}_i$ 的每一个维度 x_i^d 按等概率在{0,1}中选择。

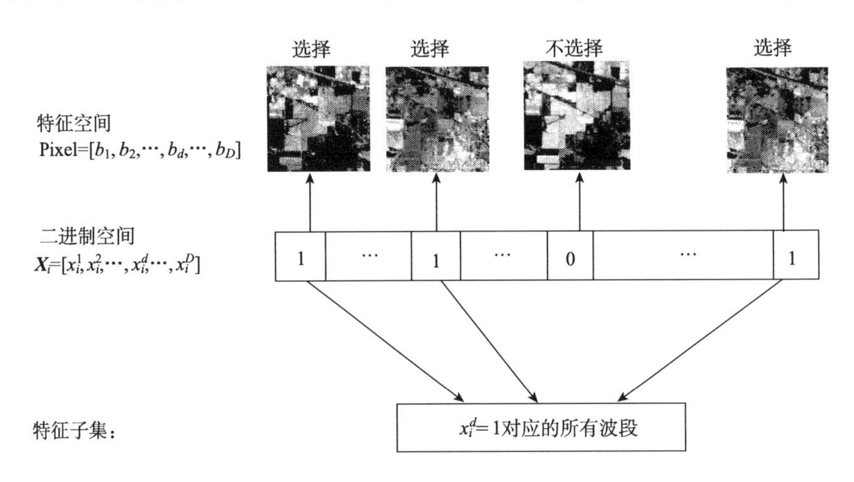

图 8-3　二进制编码与特征选择示意图

完成编码后，每个粒子表示一个备选的特征子集。为了评价每个特征子集的有效性，从备选特征集中选择信息量大、特征数少的子集，使其对影像分析任务可以达到与特征选择前相当或者更好的效果，需要设计一定的目标函数或评价准则对每个特征子集进行评价。本章综合考虑分类精度与特征数，对每个粒子代表的特征子集进行适应度评：

$$\mathrm{fit}_i(t) = \mathrm{Accuracy}_i(t) - w \times \frac{n_s(i)}{D} \tag{8-4}$$

其中，$n_s(i)$ 为粒子 $\boldsymbol{X}_i$ 中值为 1 的个数，即被选中的特征数；w 为平衡分类精度与波段数的权重，本章将 w 设置为 0.6；$\mathrm{Accuracy}_i$ 为特征子集 $\boldsymbol{X}_i$ 经过支持向量机分类器分类后的总体分类精度，$\mathrm{Accuracy}_i(t) = \sum_{j=1}^{Nc} c_{jj} \Big/ N_{\mathrm{sum}}$，其中 c_{jj} 为 j 类地物被正确分类的像元个数，N_{sum} 为所有的待分类像元数。

特征选择的一个关键问题是找到能够发现全局最优的搜索算法。GSA 算法中，粒子通过引力加速度来更新自身的位置。粒子的质量越大，对其他粒子施加的引力也就越大，其他粒子越迅速地向其靠拢。如果该粒子是局部最优点，由于 GSA 算法中的邻域结构本质上是全局邻域，导致算法的勘探能力不足，并且该算法没有跳出机制，群体容易陷入局部最优，搜索停滞，出现所谓的早熟收敛现象。因而，本章使用第 7 章提出的 DNLGSA 算法进行特征选择的相关工作。

该方法具体流程如下。

步骤 1：备选特征子集 $\boldsymbol{X}$ 初始化。

首先在原始高分辨率遥感影像上提取包括光谱和纹理特征在内的 D 维特征集合。然后按照前述的方法，随机生成 N 个初始粒子，即 N 个备选特征子集。粒子位置 $\boldsymbol{X}$ 按照二进制编码，粒子速度 $\boldsymbol{V}$ 初始化为 0。

步骤 2：计算每个备选特征子集 $\boldsymbol{X}_i$ 的适应度值。

利用 SVM 分类器对每个备选特征子集 $\boldsymbol{X}_i$ 进行分类，得到对应的分类精度。然后计算每个备选特征子集的适应度值。

步骤 3：按照 DNLGSA 的操作，更新粒子速度 $\boldsymbol{V}$ 与位置 $\boldsymbol{X}$。

由于粒子是基于二进制编码的，其速度只能表示为 0，1 或者-1，从而保证粒子各维度始终在 0，1 之间变化。由于第 7 章提出的 DNLGSA 算法的速度更新公式不再适用于二进制编码问题，本章使用 Saha 和 Roy(2009) 提出的速度-概率转化函数进行粒子速度更新。其基本思想是：根据粒子速度计算一个概率值，然后设定准则，判别粒子位置的更新。具体来说，如果粒子的速度很大，表示该粒子目前所处的位置较差，需要移动很大的距离才能实现较好的优化，此时应该赋予粒子较大的更新概率；如果粒子的速度很小，表示该粒子目前所处的位置与最优粒子非常接近，不需要移动很大的距离，即可实现优化，此时应该赋予粒子较小的更新概率。

具体速度-概率转化函数定义如下：

$$S(v_i^d(t)) = |\tanh(v_i^d(t))| \tag{8-5}$$

式中，$S(v_i^d(t)) \in [0,1]$，为速度 $v_i^d(t)$ 的概率转换函数，该函数与速度的绝对值成正比。

计算得到 $S(v_i^d(t))$ 之后，可以采用根据随机选择的方式，依据如下公式对所有的粒子在各个维度上进行速度比较与更新：

$$\begin{aligned}
&\text{if}\quad \text{rand} < S(v_i^d(t+1))\\
&\quad x_i^d(t+1) = \text{complement}(x_i^d(t))\\
&\text{else}\\
&\quad x_i^d(t+1) = x_i^d(t)
\end{aligned} \tag{8-6}$$

完成速度更新后，按照 DNLGSA 算法的位置更新公式，进行特征子集的更新。

步骤 4：迭代循环，输出最优特征子集。

判断当前迭代 t 是否小于最大迭代次数 $T_{\max}$，如果 $t<T_{\max}$，则转向步骤 2 和步骤 3 进行循环搜索。若迭代次数达到 $T_{\max}$，则算法终止，输出适应度最大的粒子 $\boldsymbol{X}_i$，其对应的特征子集即为最优特征子集，其中值为 1 的维度对应的特征即为被选择的特征，值为 1 的维度的个数即为被选择特征维数。

综上所述，本章提出特征选择方法的流程如图 8-4 所示。

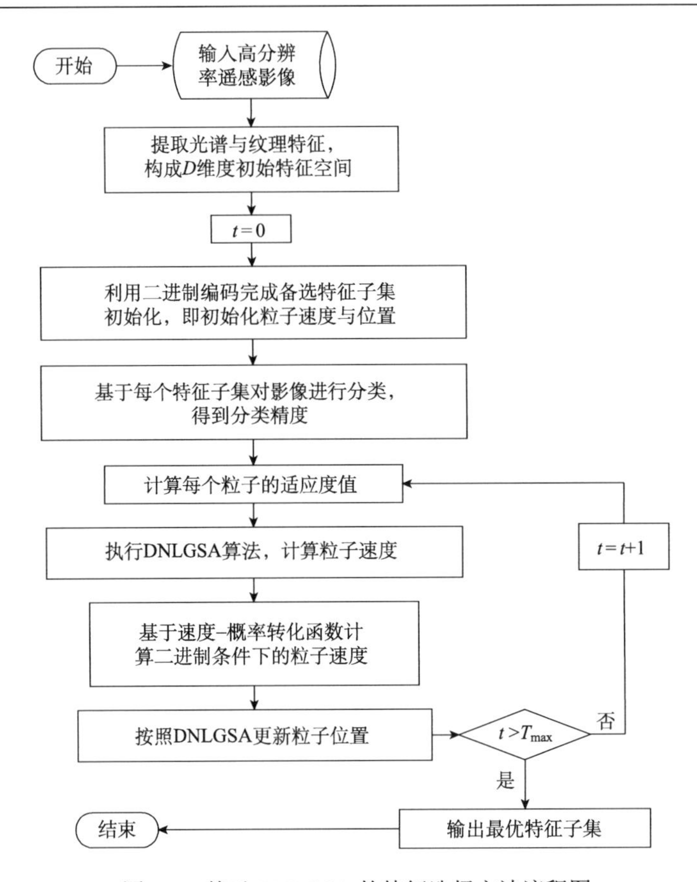

图 8-4　基于 DNLGSA 的特征选择方法流程图

8.3　实验结果与分析

为了验证 DNLGSA 算法的有效性，本章选择 2008 年汶川地区的航拍影像（分辨率为 0.15m）进行特征选择与分类试验，如图 8-5 所示。实验结果与两种效果较好的改进 GSA 算法：GGSA 算法和二进制 PSOGSA 算法获得的特征选择结果进行了比较。实验采用十倍交叉验证，从 20 次独立运行得到的平均特征选择运行时间（ST_{CPU}）、平均所选择的特征子集规模（N_{sel}）、平均特征分类运行时间（CT_{CPU}）、平均分类正确率（Acc（%））、平均 Kappa 系数（K）五个方面进行比较。

8.3.1　实验数据与参数设置

图 8-5 所示场景尺度大，精度验证困难，所以本章选取其中典型的两种震害场景：倒塌建筑物影像与滑坡影像进行算法测试实验，如图 8-6(a) 和图 8-7(a) 所示。

图 8-5　2008 年汶川地区高分辨率遥感影像

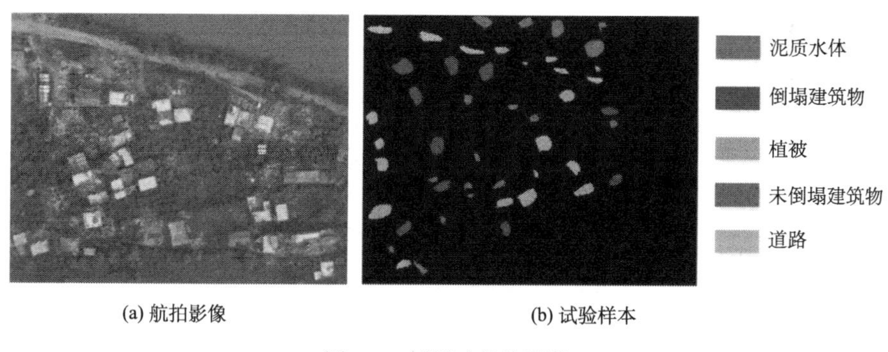

(a) 航拍影像　　(b) 试验样本

图 8-6　倒塌建筑物影像

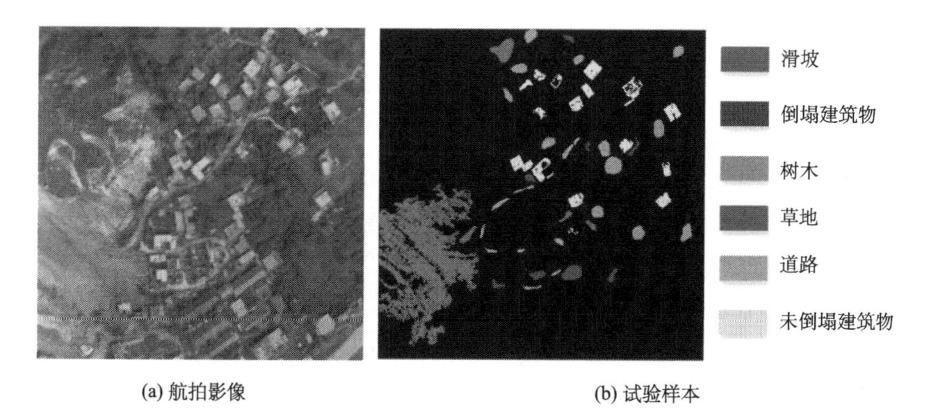

(a) 航拍影像　　(b) 试验样本

图 8-7　滑坡影像

每幅图像均包括 R、G、B 三个波段，大小分别为 510×404 像元和 600×600 像元。图 8-6(a) 中的典型地物包括泥质水体、道路、植被、倒塌建筑物、未倒塌建筑物五类；图 8-7(a)中的典型地物包括道路、树木、草地、倒塌建筑物、未倒塌建筑物、滑坡六类。两幅图像的样本数分别为 11453 个和 39431 个，如图 8-6(b)和图 8-7(b)所示。其中，训练样本数与验证样本数分别为 250 个和 300 个，测试样本数分别为 10953 个和 38831 个，如表 8-1 和表 8-2 所示。选样本时，考虑在不同地形条件下的同一覆被类型的采样。

表 8-1　倒塌建筑物影像的样本统计

类别	名称	训练样本	验证样本	测试样本
1	泥质水体	50	50	1636
2	道路	50	50	1179
3	植被	50	50	3775
4	倒塌建筑物	50	50	3303
5	未倒塌建筑物	50	50	1060

表 8-2　滑坡影像的样本统计

类别	名称	训练样本	验证样本	测试样本
1	道路	50	50	1145
2	树木	50	50	4780
3	草地	50	50	1722
4	倒塌建筑物	50	50	2017
5	未倒塌建筑物	50	50	6125
6	滑坡	50	50	23042

在特征选择过程中，从每类地物的样本数据中选择 50 个样本点作为训练样本，训练 SVM 分类器；另外再从每类地物的样本数据中选择 50 个样本点作为验证样本，检验分类器的精度，并计算适应度值，引导波段选择。

参数设置方面，DNLGSA 算法的种群大小设计为 N=50，最大迭代次数设计为 $T_{\max}$=10，其余参数的设置与 7.2 节保持一致。SVM 分类器采用的核函数是径向基函数(radial basis function，RBF)核函数，惩罚因子 c 设置为 128，核参数 γ 设置为 0.125，训练结束门限值为 0.01。为了保证比较的公平性，本章的两个对比算法：GGSA 算法与 BPSOGSA 算法的 N 与 $T_{\max}$ 参数的设计与 DNLGSA 保持一致，其余参数使用原文(Mirjalili and Lewis, 2014; Mirijalili and Hashim, 2010)提出算法时使用的参数。

完成波段选择后，将用于选择波段的训练与验证样本，即每类的 100 个样本点全部用于训练 SVM 分类器(十倍交叉验证)，并利用选择的最优特征子集对测试样本进行分类，计算分类精度，检验算法的有效性。

为了避免由于智能优化算法的随机性带来的误差，本章每种方法在处理每幅图像时都进行了 20 次独立实验，将 20 次实验结果的平均值作为最终的实验结果来比较。

8.3.2 备选特征提取

分别对两幅航拍影像提取光谱特征与纹理特征，光谱特征包括原图的 RGB 三个分量、HSV 变换后的三个分量、PCA 变换得到的第一主成分分量，共计 7 个维度的光谱特征，如表 8-3 所示。

表 8-3　特征集列表

特征类型	特征名	特征维数
光谱特征	RGB	3
	HSV	3
	PCA 第一主分量	1
GLCM 纹理特征	Gray-GLCM 均值-4 个方向	4
	Gray-GLCM 方差-4 个方向	4
	Gray-GLCM 均质性-4 个方向	4
	Gray-GLCM 对比度-4 个方向	4
	Gray-GLCM 熵-4 个方向	4
Gabor 纹理特征	Gray-Gabor-0°-4 个尺度	4
	Gray-Gabor-45°-4 个尺度	4
	Gray-Gabor-90°-4 个尺度	4
	Gray-Gabor-135°-4 个尺度	4

纹理特征基于 RGB 图像转化得到的灰度图，利用 GLCM 方法与 Gabor 滤波器获得。其中 GLCM 方法在 5×5 窗口上，分别计算了包括均值、方差、均质性、对比度和熵 5 个指标在 0°、45°、90°和 135°四个方向上的特征向量，共计 20 维 GLCM 纹理特征；而 Gabor 滤波器在 $2\sqrt{2}$ 、$4\sqrt{2}$ 、$8\sqrt{2}$ 、$16\sqrt{2}$ 四个尺度上，分别计算了 0°、45°、90°和 135°四个方向上共计 16 维的 Gabor 纹理特征。所以，对于每幅实验图，共提取如表 8-3 所示的 43 维的特征向量，构成特征集 S。

8.3.3 特征选择与分类结果分析

分别基于 DNLGSA 算法及两种对比算法对两幅实验图像进行 20 次独立的特征选择与分类实验，得到反映特征选择与分类结果的各指标平均值如表 8-4 所示。

表 8-4　特征选择与分类结果

高分辨率影像	方法	ST_{CPU}(s)	N_{sel}	CT_{CPU}(s)	Acc(%)	K
倒塌建筑物影像	全部特征+SVM				84.50	0.8370
	GGSA+SVM	116.71	24.30	4.92	86.02	0.8440
	BPSOGSA+SVM	120.19	25.85	5.10	85.49	0.8485
	DNLGSA+SVM	**112.16**	**21.15**	**4.11**	**86.89**	**0.8550**
滑坡影像	全部特征+SVM				87.56	0.8215
	GGSA+SVM	364.50	19.55	12.63	89.06	0.8380
	BPSOGSA+SVM	359.76	20.20	13.00	89.18	0.8400
	DNLGSA+SVM	**351.06**	**18.15**	**11.18**	**89.70**	**0.8430**

从表 8-4 可以看出，所有的特征选择算法都有效地减少了特征维数。与 GGSA 和 BPSOGSA 算法相比，本章算法在两幅图像上都获得了最少数目的特征子集。与原始特征维数相比，GGAGSA 算法在两幅图像的特征维数缩减比例分别达到 51%和 58%，说明了本算法能够有效地进行特征选择。从分类指标来看，对倒塌建筑物影像，整体分类精度 Acc 和 Kappa 系数 K 分别为 86.89%和 85.50%；对滑坡影像，整体分类精度 Acc 和 Kappa 系数 K 分别为 89.70%和 84.30%。可以看出，本章算法均得到了最高的分类正确率和 Kappa 系数，同时所用的特征个数最少。从运算效率来看，本章算法的运算时间也最短。此外，与基于 SVM 分类器对原始特征集进行分类的结果进行比较可以发现，本章算法对高分辨率遥感影像的特征选择是有效的，它并没有通过牺牲分类正确性来降低特征维数。

为了更加充分地分析三种 GSA 算法的性能，图 8-8 和图 8-9 分别给出图 8-6 和图 8-7 所示两幅实验影像各自 5 个评价指标的盒须图。从图 8-8 和图 8-9 可以看出，三种算法在各个指标的稳定性表现上存在一定的差异。在特征选择耗时方面，在滑坡影像上，DNLGSA 与 GGSA 算法相比于 BPSOGSA 算法表现出更好的稳定性；在选择的特征数目方面，在两幅图像上各方法都不具有明显优势；在特征分类耗时方面，在两幅图像上 GGSA 算法的稳定性变化较大，另外两种方法效果类似。对于反映特征选择有效性的总体分类精度与Kappa系数两个指标，DNLGSA 算法较两种对比算法表现出更好的稳定性。并且，与表 8-4 所示数据相比，图 8-8 与图 8-9 所示的盒须图可以更加直观地表现 DNLGSA 算法相比于 GGSA 算法与 BPSOGSA 算法在速度与精度等方面的优越性。

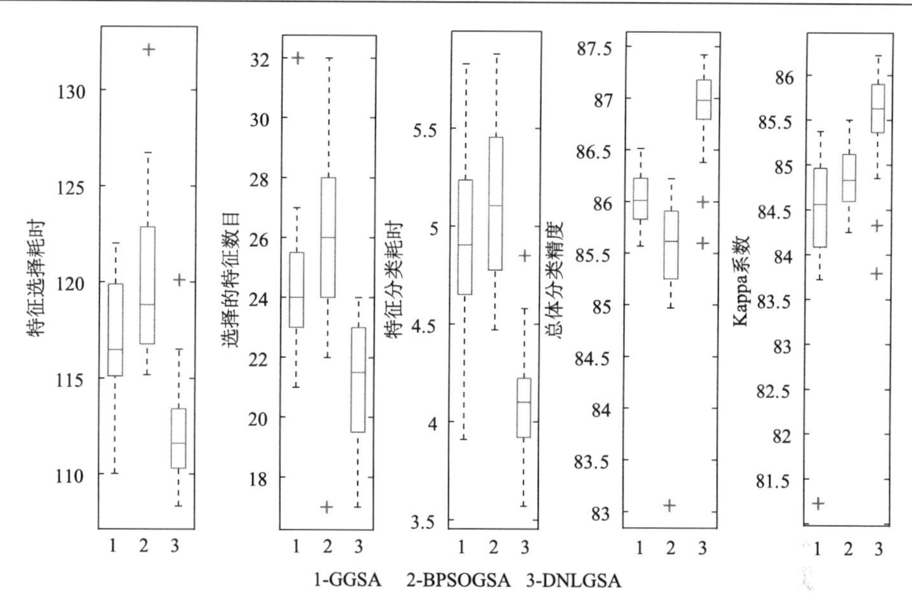

图 8-8　倒塌建筑物影像 5 个评价指标的盒须图

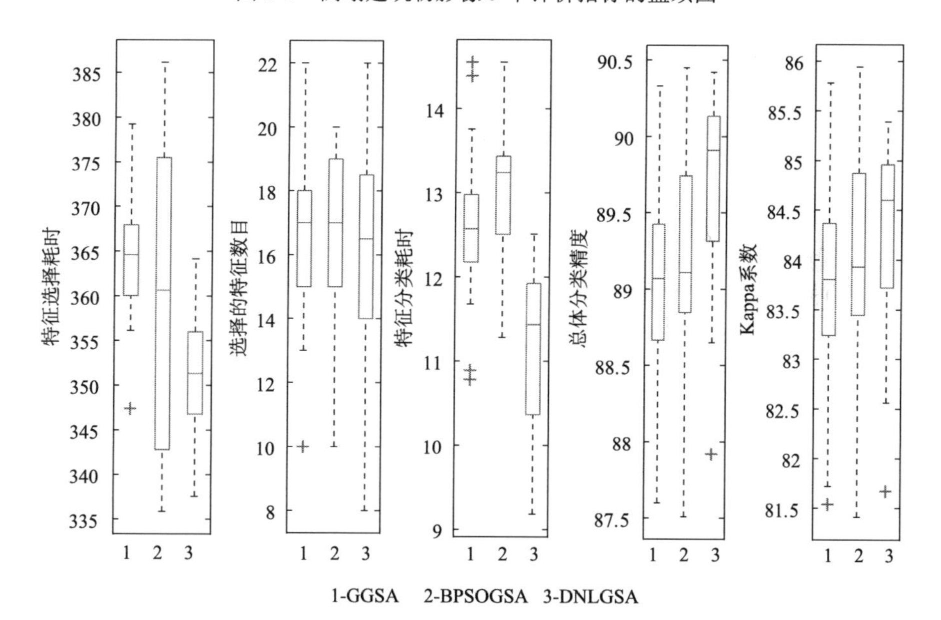

图 8-9　滑坡影像 5 个评价指标的盒须图

实验完成之后，在两幅实验影像上基于 DNLGSA 算法选择的最优特征子集如表 8-5 所示。

表 8-5　特征选择结果

实验图	最优特征子集
倒塌建筑物影像	R、G、B 三个颜色分量，HSV 的 S、V 分量，PCA 的第一主分量，灰度共生矩阵——0° 与 45° 的均值、90° 与 135° 的协方差、45° 的方差、135° 的自相关，Gabor 纹理——方向 2 的尺度 1 和 2、方向 3 的尺度 4、方向 4 的尺度 1 、2 和 4、方向 5 的尺度 3 和 4
滑坡影像	R、G、B 三个颜色分量，HSV 的 S、V 分量，PCA 的第一主分量，0° 与 135° 的均值、135° 的协方差、90° 的方差、90° 的对比度，Gabor 纹理——方向 1 的尺度 1、方向 2 的尺度 4、方向 3 的尺度 1 和 4、方向 4 的尺度 1 和 4、方向 5 的尺度 1

8.4　小　　结

如何从数据量巨大的特征集中提取信息量丰富、冗余度低的特征子集，是高分辨遥感影像应用的关键问题之一，其本质上是一个优化问题。为了克服传统特征选择耗时、容易陷入局部最优的问题，本章将具有良好全局优化性能的 DNLGSA 算法引入高分辨率遥感影像特征选择领域，提出了一种高分辨率遥感影像的智能场景描述方法。该方法首先利用 HSV、PCA、GLCM、Gabor 等光谱和纹理描述模型提取高分辨率遥感影像的光谱与纹理特征，组成场景描述的原始特征集。然后通过建立特征空间与优化算法的映射关系，构建了基于 DNLGSA 算法的二进制特征编码方案。在此基础上，综合考虑了分类精度与特征数目，设计了目标函数，通过对目标函数的优化实现对原始特征集的优化与降维。实验结果表明，该方法在保持分类精度的同时，能够显著降低特征空间维数，减少数据存储需求空间，并且加快了算法的速度。

第9章　基于GSA算法的高分辨率遥感影像多阈值分割

高分辨率遥感影像分割是实现高分辨率遥感影像自动信息提取的一个基础步骤，是制约高分辨率遥感影像进一步应用的一个关键技术，同时也是高分辨率遥感影像场景理解的重要基础。高分辨率遥感影像分割是利用一定的准则将图像分成一些均质性区域，使得相同区域的相似性高，不同区域的差别较大。其原理和分类有相似之处，但是不同的是，图像分割更加侧重区域的连通性，因而相对于单个的分类像元，分割结果包含了更多的空间信息和纹理结构信息。因此如果能够将分割结果运用到分类结果中，会有效地提高最终的分类精度，也是目前研究的一个热点。

阈值分割算法是图像分割最基本的一种算法。由于简单高效，在高分辨率遥感影像领域得到了广泛的应用。但是，传统的阈值分割方法面临两个问题：一是阈值的选择非常困难，尤其处理多阈值分割问题时很容易陷入局部最优；二是传统方法多是在灰度图像上进行，不适用于空间信息丰富的高分辨率的遥感影像。本章在特征选择的基础上，通过 Otsu 分割准则建立了阈值空间与优化算法的映射关系，将具备全局搜索能力的 DNLGSA 算法引入高分辨率遥感影像多阈值分割领域，实现了光谱、空间等特征图像的多阈值分割。此外，本章基于欧氏距离，设计了不同特征阈值分割结果的融合方法，实现了多特征高分辨率遥感影像的多阈值分割。

9.1　常用的阈值分割准则

9.1.1　Kapur's 熵分割准则

Kapur's 熵是 Kapur 等在 1985 年为解决单阈值分割问题提出的(Kapur et al., 1985)。该方法通过寻找能够使熵函数取得最大值的阈值对原始图像进行分割。阈值的选取一般是基于图像的灰度直方图进行的。假定待分割图像是一副包含 L 级灰度值，灰度范围在$\{0, 1, 2, \cdots, (L-1)\}$之间的灰度图像，在灰度直方图上，灰度级 i 出现的频率 p_i 为

$$p_i = \frac{h_i}{\sum_{i=0}^{L} h_i} \quad (i = 0, \cdots, L-1) \tag{9-1}$$

式中，h_i 为图像中灰度值为 i 的像元总数。

对于单阈值分割问题，背景类和目标类的熵(H_0与H_1)可以通过式(9-2)计算：

$$
\begin{aligned}
H_0 &= -\sum_{i=0}^{t_0-1}\frac{p_i}{\omega_0}\ln\frac{p_i}{\omega_0},\quad \omega_0=\sum_{i=0}^{t_0-1}p_i \\
H_1 &= -\sum_{i=t_0}^{L-1}\frac{p_i}{\omega_1}\ln\frac{p_i}{\omega_1},\quad \omega_1=\sum_{i=t_0}^{L-1}p_i
\end{aligned}
\tag{9-2}
$$

式中，t_0为最优阈值；$\omega_i(i=0, 1)$为每类目标的概率总值。

Kapur 等指出，对两类目标熵值的和求最大化，可以从 L 级灰度值中确定 t_0 的取值，即

$$f(t_0)=H_0+H_1 \tag{9-3}$$

之后，为了处理更加复杂的图像分割问题，Kapur’s 熵被扩展到多阈值分割领域中。假设需要将一副图像划分为 m+1 类，则需要确定的阈值数为 m，阈值分别为$[t_1, t_2, \cdots, t_m]$。需要最大化的目标函数公式应该改写为

$$f([t_1,t_2,\cdots,t_m])=H_0+H_1+H_2+\cdots+H_m \tag{9-4}$$

式中，

$$
\begin{aligned}
H_0 &= -\sum_{i=0}^{t_1-1}\frac{p_i}{\omega_0}\ln\frac{p_i}{\omega_0},\qquad \omega_0=\sum_{i=0}^{t_1-1}p_i \\
H_1 &= -\sum_{i=t_1}^{t_2-1}\frac{p_i}{\omega_1}\ln\frac{p_i}{\omega_1},\qquad \omega_1=\sum_{i=t_1}^{t_2-1}p_i \\
H_2 &= -\sum_{i=t_2}^{t_3-1}\frac{p_i}{\omega_2}\ln\frac{p_i}{\omega_2},\qquad \omega_2=\sum_{i=t_2}^{t_3-1}p_i \\
H_m &= -\sum_{i=t_m}^{L-1}\frac{p_i}{\omega_m}\ln\frac{p_i}{\omega_m},\qquad \omega_m=\sum_{i=t_m}^{L-1}p_i
\end{aligned}
\tag{9-5}
$$

9.1.2　Otsu 分割准则

Otsu 分割准则是由日本学者 Otsu 在 1975 年针对单阈值分割问题提出的分割方法(Otsu, 1975)。该方法将灰度图像按照阈值 t_0 将图像分为前景与背景两部分，最优阈值的选取是通过两类目标的类间差最大实现的。具体的数学计算公式为

$$f(t_0)=\sigma_0+\sigma_1 \tag{9-6}$$

其中，σ_0与σ_0的计算方式为

$$
\begin{aligned}
\sigma_0 - \omega_0(\mu_0-\mu_T)^2,&\quad \mu_0-\frac{\sum_{i=0}^{t_0-1}ip_i}{\omega_0} \\
\sigma_1 = \omega_1(\mu_1-\mu_T)^2,&\quad \mu_1=\frac{\sum_{i=t_0}^{L-1}ip_i}{\omega_1}
\end{aligned}
\tag{9-7}
$$

式中，$\mu_i\,(i=0,1)$ 为不同地物类别内部灰度的均值；μ_T 为整幅图像的灰度均值。

随着图像分割要求不断提高，与 Kapur's 熵方法类似，Otsu 方法也被发展到多阈值分割领域。目标函数公式因此被修正为

$$f([t_1,t_2,\cdots,t_m])=\sigma_0+\sigma_1+\sigma_2+\cdots+\sigma_m, \tag{9-8}$$

式中，

$$\begin{aligned}
&\sigma_0=\omega_0(\mu_0-\mu_T)^2, \qquad \mu_0=\frac{\sum_{i=0}^{t_1-1} ip_i}{\omega_0}\\
&\sigma_1=\omega_1(\mu_1-\mu_T)^2, \qquad \mu_1=\frac{\sum_{i=t_1}^{t_2-1} ip_i}{\omega_1}\\
&\sigma_2=\omega_2(\mu_s-\mu_T)^2, \qquad \mu_2=\frac{\sum_{i=t_2}^{t_3-1} ip_i}{\omega_2}\\
&\sigma_m=\omega_1(\mu_m-\mu_T)^2, \qquad \mu_m=\frac{\sum_{i=t_m}^{L-1} ip_i}{\omega_1}
\end{aligned} \tag{9-9}$$

9.2　基于 DNLGSA 的高分辨率遥感影像多阈值分割

本节重点阐述基于 DNLGSA 的高分辨率遥感影像多阈值分割算法。因为 Otsu 分割准则计算复杂度低于 Kapur's 熵函数，所以本章选择 Otsu 分割准则作为目标函数，并利用 DNLGSA 对其进行优化，获取高分辨率遥感影像的分割结果。具体过程如下。

1. DNLGSA 算法种群的初始化

不同空间的映射是通过粒子位置的编码实现的。假设对于给定的高分辨率遥感影像的特征空间为 NF，地表包含目标种类为 m+1，则对于每一种特征，粒子 i 的位置表示为一组备选最优阈值组合，即

$$\begin{aligned}
&\boldsymbol{X}_i=(x_{i1},\cdots,x_{id},\cdots,x_{im})\\
&x_{id}=\lceil \mathrm{rand}\times(\mathrm{uL_d}-\mathrm{lL_d})\rceil
\end{aligned} \tag{9-10}$$

式中，$i=1,2,\cdots,N$，N 为种群大小；$\mathrm{uL_d}$ 与 $\mathrm{lL_d}$ 分别为该特征下影像特征的最大值与最小值。为了消除量纲影响，各特征的值均被规划到[0, 255]之内。此外，为了方便后续运算，需要将每个粒子 m 个维度的值进行升序排列。

与此同时，对各粒子的适应度值进行初始化，并将每个粒子的初始速度都初始化为 0。

2. 种群粒子的更新

步骤 1：按照 DNLGSA 算法对种群进行划分，得到初始的邻域结构。

步骤 2：根据粒子的适应度值计算每个粒子的质量、万有引力常数、粒子间引力、加速度与两个加速系数。

步骤 3：更新粒子的位置与速度。需要注意的是，阈值的取值应该为整数，所以得到新的位置之后，需要对每个粒子每个维度上的数据进行向上取整。

步骤 4：判断每个粒子的位置是否都在[0,255]的取值范围之内，如果超出灰度值范围，则对其进行位置的随机初始化。

步骤 5：对各粒子的位置重新进行升序排列，并将排序后的粒子带入 Otsu 的目标函数中，计算基于该组阈值对影像进行分割后分割图像的 Otsu 值。

步骤 6：根据 DNLGSA 算法中的动态邻域构建与 **gbest** 变异策略，判断是否执行邻域重建与变异策略。

步骤 7：判断算法是否满足迭代终止条件——最大迭代次数($T_{\max}$)，若满足，则终止迭代，输出最后一次迭代的全局最优值 **gbest**；否则，返回步骤 2 进行循环。

对 **gbest** 粒子各维度进行升序排列，则该粒子的 m 个维度即表示 m 个最优阈值的取值。显然，对于特征空间维度为 NF 的高分辨率遥感影像，可以得到对应的 NF 组最优阈值。

3. 多阈值分割结果融合

因为不同特征表达的信息量不同，得到的阈值也不会完全相同。所以，需要对 NF 组最优阈值进行融合，得到最终的影像分割结果。本章参考文献(Bhandari et al., 2016a)设计了基于欧氏距离的方法对分割结果进行融合。具体来说，对于 NF 组最优阈值有

$$T=\begin{bmatrix} T_1 \\ \vdots \\ T_j \\ \vdots \\ T_{\mathrm{NF}} \end{bmatrix}=\begin{bmatrix} t_{11} & \cdots & t_{1d} & \cdots & t_{im} \\ \vdots & & \vdots & & \vdots \\ t_{j1} & \cdots & t_{jd} & \cdots & t_{jm} \\ \vdots & & \vdots & & \vdots \\ t_{\mathrm{NF}1} & \cdots & t_{\mathrm{NF}d} & \cdots & t_{\mathrm{NF}m} \end{bmatrix} \tag{9-11}$$

式中，$[t_{11},t_{21},\cdots,t_{\mathrm{NF}1}]$、$[t_{1d},t_{2d},\cdots,t_{\mathrm{NF}d}]$与$[t_{1m},t_{2m},\cdots,t_{\mathrm{NF}m}]$分别表示 NF 个特征向量的第 1 个、第 d 个与第 m 个阈值。

对于任意像元 pix_i，如果其在各波段内分割后归属类别一致，直接决定其分割属性；如果各波段分割结果不一致，则按照多数投票法决定其分割属性；否则，计算欧氏距离：如果 pix_i 到$[t_{11},t_{21},\cdots,t_{\mathrm{NF}1}]$的欧氏距离小于其到其余 m–1 组阈值的距离，则将该像元分类为类别 1。以此类推，完成高分辨率影像的多阈值分割。

9.3 实验结果与分析

为了验证 DNLGSA 算法在高分辨率遥感影像多阈值分割中的有效性，本章

将其在两幅影像上的实验结果与标准 GSA 算法、改进的 GGSA 算法及新型的智能优化 DS 算法的实验结果进行了对比。

9.3.1　实验数据

综合考虑第 8 章特征选择的结果与算法效率，本章选用多次特征选择之后，选择概率排序在前 6 维的特征：两幅图像的 RGB 三个波段、HSV 变换后的 S 与 V 两个特征向量和 PCA 第一主分量，分别为其构建 6 个波段的特征空间，如图 9-1 和图 9-2 所示。

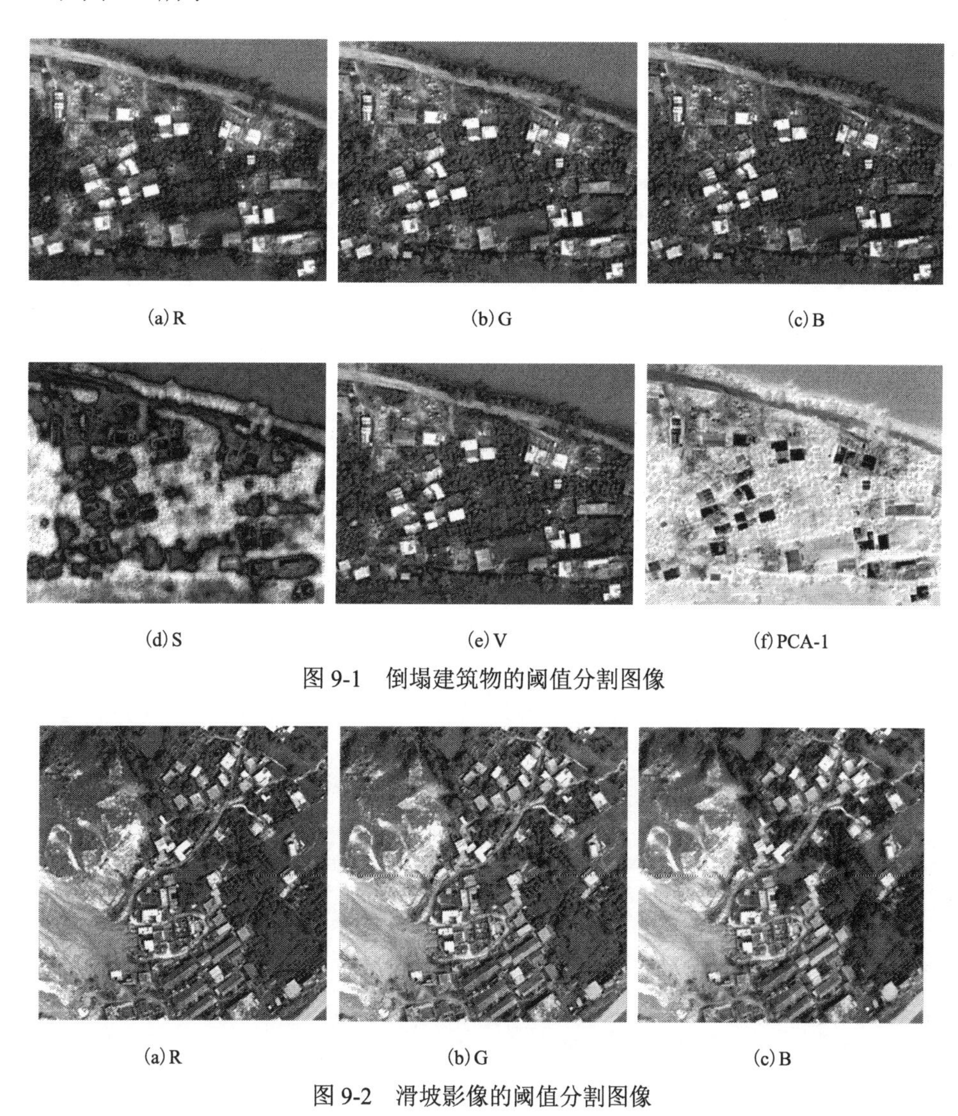

(a) R　(b) G　(c) B

(d) S　(e) V　(f) PCA-1

图 9-1　倒塌建筑物的阈值分割图像

(a) R　(b) G　(c) B

图 9-2　滑坡影像的阈值分割图像

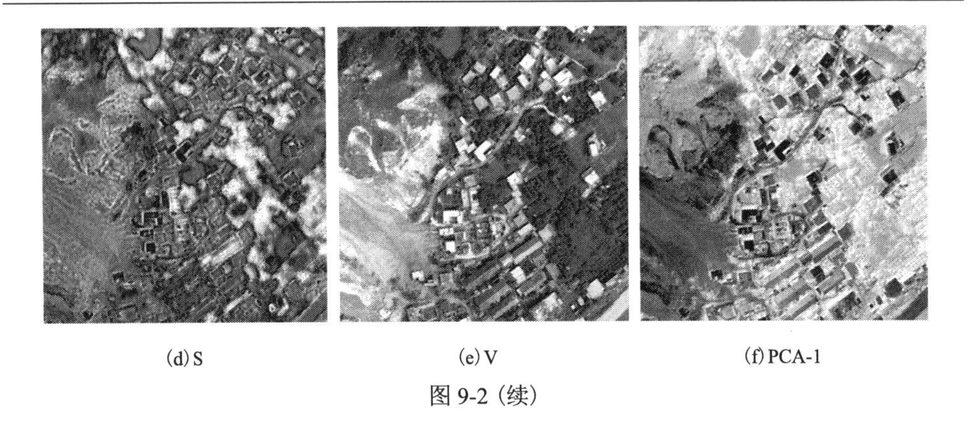

(d) S　(e) V　(f) PCA-1

图 9-2（续）

9.3.2　实验设置

为了实验结果对比的公平性，对于 GSA、GGSA、DS 与 DNLGSA 算法，种群大小 N 均设置为 50，最大迭代次数 $T_{\max}$ 均设置为 100。各算法的其余参数按照原文献的设置。此外，为了避免算法随机性导致的结果对比不公平，每种算法独立运行 20 次，并求其平均值。各算法具体的参数设置如表 9-1 所示。

表 9-1　参数设置

参数	GSA	GGSA	DS	DNLGSA
G_0	100	100	—	100
α	20	20	—	20
c_1	—	$2\text{-}2t^3 / T_{\max}^3$	—	$c_1 = 0.5 - 0.5t^{1/6} / T_{\max}^{1/6}$
c_2	—	$2t^3 / T_{\max}^3$	—	$c_1 = 0.5 - 0.5t^{1/6} / T_{\max}^{1/6}$
p_1	—	—	0.3×rand	—
p_2	—	—	0.3×rand	—
k	K_{best}	K_{best}	—	DN_j
gm	—	—	—	5

9.3.3　精度评价指标

为了对分割结果进行定性评价，本章选用均匀性测度 u(Sahoo et al., 1997; Yin, 1999) 对多阈值分割结果进行分析，该测度的数学表达式为

$$u = 1 - 2 \times m \times \frac{\sum_{j=0}^{m} \sum_{i \in R_j} (f_i - g_j)^2}{M \times (f_{\max} - f_{\min})^2} \tag{9-12}$$

式中，m 为阈值个数；R_j 为第 j 类分割区域，可以认为是第 j 类；M 为测试图像

总像元数；f_i 为像素 i 的灰度值；g_j 为第 j 类的平均灰度值；f_{max} 与 f_{min} 分别为测试图灰度的最大与最小值。

通常均匀性测度的值在[0, 1]，并且，u 的值越高，表示各类内均匀性越好，图像分割结果越好。

9.3.4　多阈值分割结果

倒塌建筑物影像与滑坡影像分别主要包括五类与六类地物，为了测试各算法处理多阈值分割的能力，本章将两幅影像在各个特征上的阈值数 m 分别设为 4、5、6、7、8。在完成各特征的影像分割后，进行多特征分割结果的融合，最终得到各方法分割结果的均匀性测度值，如表 9-2 所示。从表 9-2 可以看出，在倒塌建筑物影像上，当阈值数为 4、6、7 时，基于 DNLGSA 算法的分割结果表现出最好的均匀性。而当阈值数为 5 和 8 时，DS 与 GSA 算法分别表现最好。在滑坡影像上，阈值数从 4 增长到 7 时，DNLGSA 算法的分割结果全部取得了最好的均匀性。另外三种对比算法各有优势，但是 DNLGSA 算法整体上表现最为优秀。各算法在两幅影像上，基于不同阈值的分割结果如图 9-3 和图 9-4 所示。

表 9-2　均匀性测度结果

测试图	m	GSA	GGSA	DS	DNLGSA
倒塌建筑物	4	0.9865	0.9679	0.9854	**0.9867**
	5	0.9766	0.9705	**0.9850**	0.9733
	6	0.9802	0.9632	0.9816	**0.9829**
	7	0.9875	0.9797	0.9823	**0.9883**
	8	**0.9892**	0.9728	0.9816	0.9844
滑坡	4	0.9832	0.9635	0.9786	**0.9841**
	5	0.9534	0.9767	0.9767	**0.9822**
	6	0.9709	0.9778	0.9797	**0.9825**
	7	0.9443	0.9791	0.9743	**0.9865**
	8	0.9849	**0.9855**	0.9820	0.9719

从图 9-3 和图 9-4 的分割结果可以看出，阈值数越高，影像分割越细碎，此时同一类目标内的会越类似。显然，高分辨率遥感影像的多阈值分割注重的是局部区域内的连通性，而不是直接完成整幅影像的分类。这种分割结果能够为后续的分类提供更多的局部信息，有望提高最终的分类精度。

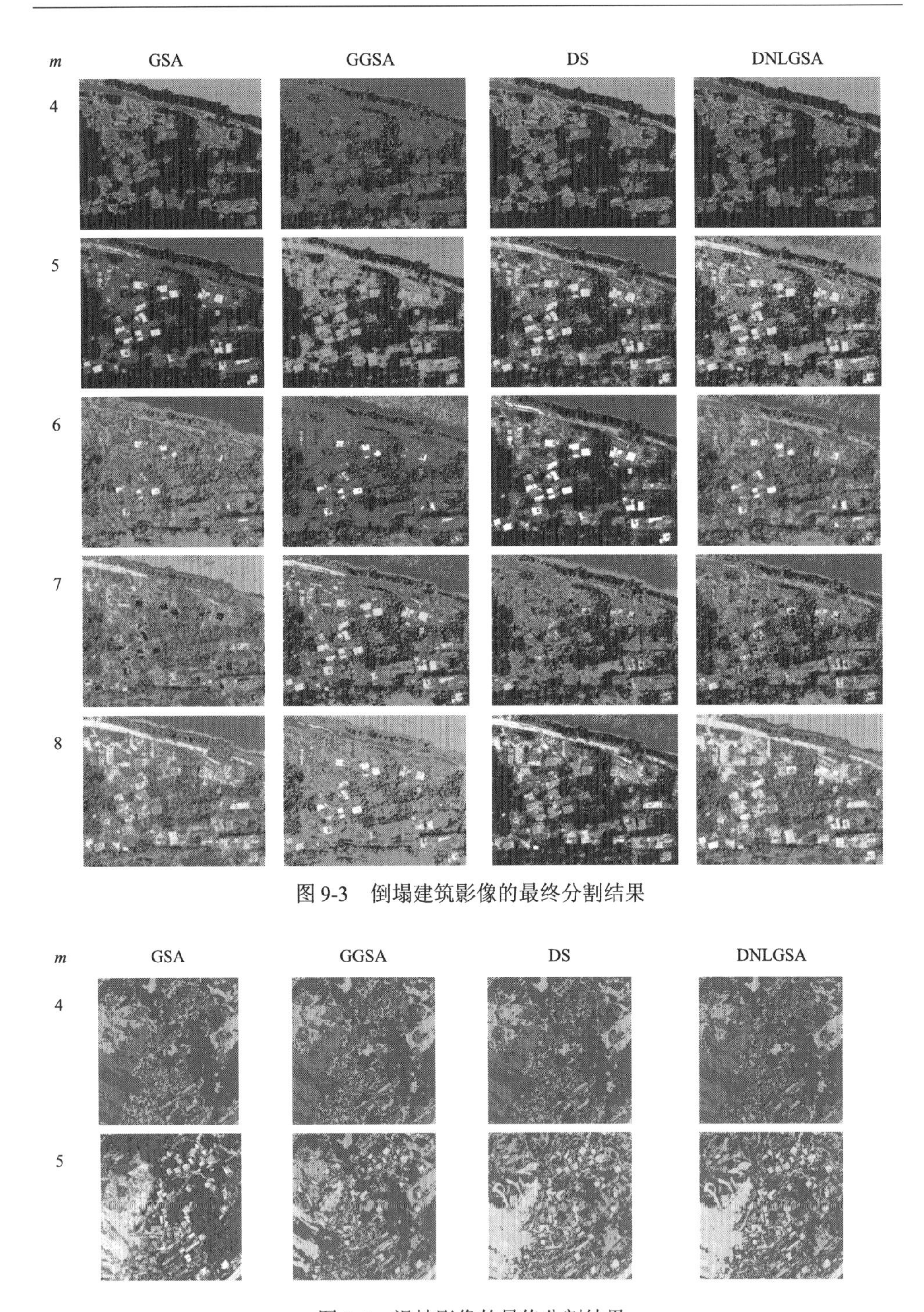

图 9-3　倒塌建筑影像的最终分割结果

图 9-4　滑坡影像的最终分割结果

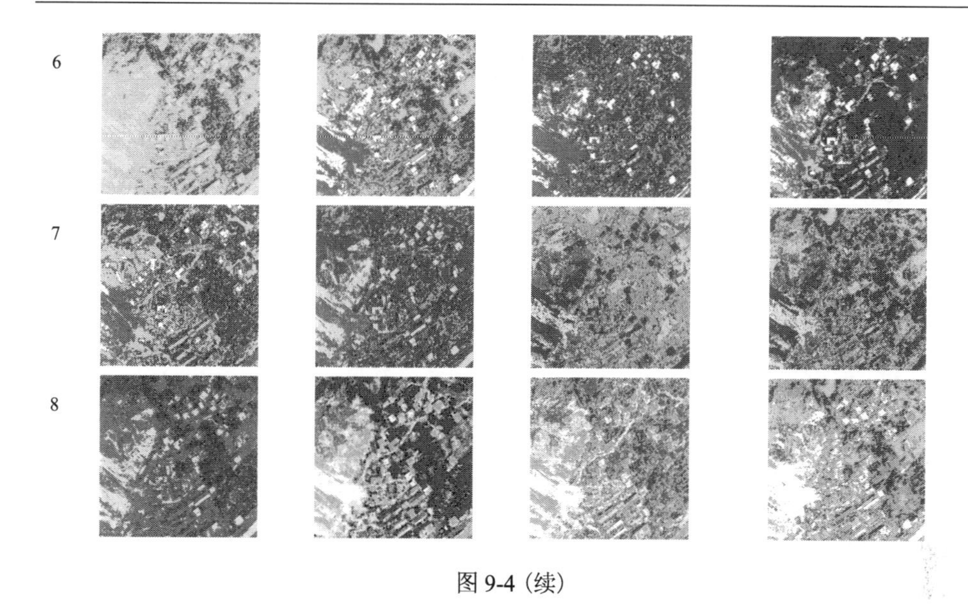

图 9-4 (续)

9.4 小　结

作为一种理论简单、易于应用的图像分类方法，阈值分割能够根据图像的相似性，将图像分割成大小不等的局部小区域，有利于引导后续的影像分类。但是传统的最优阈值分割方法都是基于一个特定的目标函数，根据图像的灰度直方图，通过灰度级的穷举搜索进行最优阈值选择。这些分割方法不能适用于多特征的高分辨遥感影像，并且随着阈值数的增加，都面临高计算耗时与早熟收敛问题。本章在特征提取的基础上，结合 Otsu 阈值分割准则与 DNLGSA 算法，对高分辨率遥感影像的各个特征向量进行了初步的多阈值分割，然后设计基于欧氏距离的多阈值结果融合方法，实现了多特征遥感影像的多阈值分割。实验结果表明，基于 DNLGSA 算法的多阈值分割结果较 GSA、GGSA、DS 算法的分割结果表现出更好的均质性。

相比于传统基于像元的分类方法，分割方法更能够描述数据的局部区域连通性。因此，后续工作中，考虑将基于 DNLGSA 算法的影像分割结果融合到分类过程中，进一步改善高分辨率遥感影像分类的效果。

第 10 章　基于引力优化神经网络的高光谱遥感影像分类

随着遥感技术的快速发展，遥感卫星获取的影像光谱分辨率不断提升，影像提供的地面光谱信息越来越丰富(Zabalza et al., 2015)。这些数据使得不同地物的高精度分类成为可能，高光谱遥感已成为国土信息研究的一种重要手段(Qiao et al., 2016)。为了获取高光谱遥感影像所蕴含的丰富的光谱信息，必须对影像进行处理，实现对地物目标信息的提取。但是，过高的光谱分辨率会导致一些问题：①过多的光谱波段会产生信息的冗余，影响分类精度(Landgrebe, 2003)。因此，有必要采用有效的特征降维技术对特征空间进行处理。②地物目标光谱信息的高度细节化使得高效分类器的构建变得困难(Silva et al., 2013)。许多传统的分类方法很难处理高维的遥感数据集。为实现高光谱影像的高精度分类，本章采用第 8 章提出的特征选择方法获取影像的最优特征集，同时引入神经网络分类器；利用第 4 章提出的 SCAA 算法优化神经网络分类器的权重和偏置参数；最后，使用 SCAA 优化的神经网络分类器基于选择出的最优特征集对影像进行分类。

10.1　人工神经网络

10.1.1　人工神经网络概述

高光谱遥感影像分类的主要目的是通过某种规则对影像上的不同地物目标进行区分，提取感兴趣的目标信息，为后续的数据分析与应用提供基础。随着人工神经网络算法的不断发展，该技术在模式识别领域逐渐得到广泛的应用，最早在 20 世纪 80 年代，人工神经网络(artificial neural network, ANN)已被用于遥感影像的分类。

人工神经网络模型是一种模拟生物大脑系统对信息反射的高度复杂非线性并行处理系统。人工神经网络主要由处理单元、网络结构和训练规则组成。处理单元模拟人脑的神经元，是 ANN 的基本操作单元。一个神经元可以有多个输入和输出路径，输入端模拟人脑神经的树突结构，用以进行网络间的信息传递；输出端模拟轴突功能，将处理之后的信息传递给下一个神经元；具有相同功能的神经元位于同一处理层。各个处理层由连接权重互联，形成 ANN 的网络结构。训练规则利用激活函数对数据进行处理，同时调整连接权重的值，从而训练网络进行模式识别。

ANN 具有大规模并行分布式结构及自学习能力与泛化能力。ANN 在处理信息时，会不断改进目标识别的方式，把符合专家经验的结果输出，对于不符合要求的数据和信息返回继续处理，是一个循环并行的、具有判断能力的自适应、自组织、自学习的系统，可处理环境信息复杂、知识背景不清楚和推理规则不明确的问题。

10.1.2　BP 神经网络

BP(back propagation)神经网络由 Werbos 博士于 1974 年提出，是目前应用最为广泛的前馈神经网络(蒋捷峰, 2011)。BP 神经网络包含一个输入层、一个或多个隐含层及一个输出层。一个三层的 BP 神经网络结构如图 10-1 所示。

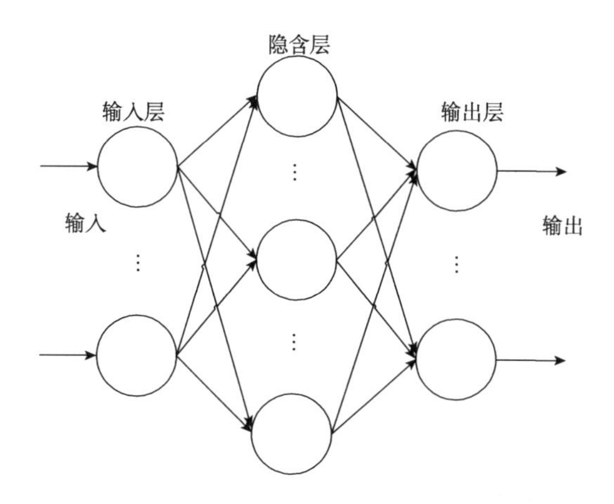

图 10-1　BP 神经网络结构图

BP 神经网络通过误差反向传播算法实现对网络参数的调整,算法的基本思想是：神经网络的学习过程包括信号的正向传播和误差的反向传播两个过程。正向传播时，输入样本值从输入层进入网络，经各隐含层神经元逐层计算后，传至输出层。若输出层的实际输出值和期望输出值不同(或不能满足最小误差)，则进入误差的反向传播阶段。误差反向传播是将输出误差(期望输出值与实际输出值之差)以某种形式按照原来的路径反向传播，直至输入层，在此过程中根据误差的大小调节各层神经元的权值和阈值大小。信号正向传播和误差反向传播的过程是重复进行的，不断调整权值的过程就是神经网络的训练学习过程，此过程一直进行到输出误差满足最小误差，或达到预定的迭代次数为止。该算法的关键在于利用输出层的误差调节其直接前导层的误差,再利用这个误差去估计更前一层的误差,因此形成了输出端误差沿着与输入信号传递相反的方向逐层向网络的输入端传递的过程。

误差修正算法常被用于前馈神经网络的参数优化过程中，其中最典型、最常用的算法便是 BP 神经网络算法。实质上，BP 神经网络实现了一种非线性的输入到输出的映射功能，因此对于内部机制复杂或是不清晰的问题能够很好地解决。但是，BP 神经网络自身也存在一些不足：①BP 神经网络采用梯度下降法计算权值和阈值，该方法容易产生多个局部最小值；②没有一般化的理论和方法确定网络的结构(隐含层的层数和各层神经元的个数)，只能依靠经验或反复试验来确定；③BP 神经网络算法中学习率为固定值，当解决复杂的目标函数时，效果较差且网络的收敛速度慢。

为了增强 BP 神经网络的优化性能，许多学者提出了改进的算法，如修正牛顿法(安澄全和彭军伟, 2013)、准牛顿法(杨甲沛, 2008)、共轭梯度法(周建华, 1999)、正交最小二乘法(张舰和李郁侠, 2015)、非线性最小二乘法(杨帆等, 2007)和分层学习算法(赵永标, 2007)等。然而，这些算法都要求目标函数至少是一阶连续可微的，需要利用目标函数的梯度等信息确定一个最速下降方向，很难做到全局搜索。因此，为了提高神经网络参数优化的性能，增强神经网络的收敛速度和泛化能力，有必要使用更加智能的、具有全局搜索能力的优化算法。

10.2　基于 SCAA 的神经网络参数优化

与传统的确定性的优化算法不同，智能优化算法具备随机搜索、自适应、自组织的特性。特别地，智能优化算法具有较强的全局搜索能力和鲁棒性，不需要借助问题的特征信息，不要求目标函数具有连续性和可微性，搜索能力不依赖于特定的求解模型，能够处理大规模、不可微的复杂实际工程应用问题(吴沛锋, 2012)。因此，越来越多的学者将其运用到神经网络参数的训练中，利用智能优化算法的全局搜索能力能够找到合适的神经网络参数组合，提高神经网络的泛化映射能力、收敛速度及学习能力(涂娟娟, 2013)。本节采用第 2 章提出的 SCAA 算法对神经网络中的连接权值和阈值进行优化，提出基于 SCAA 优化的神经网络分类器(SCAA_ANN)。

对神经网络参数的优化，就是要寻找网络中连接权值和阈值的最优值，使得神经网络的全局误差最小(González et al., 2015; Rakitianskaia and Engelbrecht, 2012)。具体来说，有以下两个关键点。

(1)在 SCAA 中粒子的维度空间和神经网络参数之间建立映射。定义种群粒子位置表达为神经网络参数的组合，即粒子的维度分量对应神经网络中的一个参数。

(2)使用神经网络输出层的实际输出与理想输出的方差作为粒子的适应值。SCAA 训练神经网络的过程实质就是找到 SCAA 在搜索空间中的最优位置，即当神经网络输出层的均方差达到最小时的网络连接权值和阈值组合。

基于以上分析，SCAA 的神经网络学习算法可设计为：将神经元之间的所有连接权值编码成实数向量来表示种群中的个体，初始化种群；输入样本属性数据，从输入层经过隐含层到输出层，逐层计算得到输出层各结点的输出值，进而求得输出层的均方差；以输出层的均方差作为粒子的适应值，更新种群并按照算法原步骤迭代；计算粒子的适应度，如果小于系统指定的误差精度，则训练过程停止，否则迭代继续进行，直到达到最大迭代次数。

整个算法的具体步骤如下。

步骤 1：给定神经网络的结构，确定种群中粒子的维度，个体向量中的每一个元素都代表神经网络中的一个权值或一个阈值。

步骤 2：确定 SCAA 算法的参数，主要包括种群的大小 NP、粒子的搜索范围、迭代终止条件(最大适应度值计算次数)、引力常量初始值、种群收敛停滞指标 lp、引力衰减因子的最大值 α_{max}。

步骤 3：向 NP 个不同神经网络输入样本数据，进行训练。

步骤 4：计算粒子的适应度值，评价具有不同连接参数组合的神经网络的性能。

步骤 5：根据粒子的适应度值进行排序，选择 K_{best} 精英粒子集。

步骤 6：通过评价粒子的进化状态，调节引力衰减因子，并使其满足基于稳定性的边界限制。

步骤 7：计算粒子的引力、加速度和速度，对粒子的位置进行更新，即调节神经网络的权值和阈值参数的大小。

步骤 8：达到 SCAA 的迭代终止条件，将最优粒子的维度信息赋值给神经网络各个参数，训练终止。

10.3 高光谱遥感影像分类

为了优化神经网络分类器对于高光谱遥感影像的分类效果，本章选用 ROSIS-03 传感器在意大利帕维亚市某大学获取的高光谱数据集。ROSIS-03 传感器具有 115 个波段，光谱范围为 0.43～0.86 μm。影像大小为 610×340，空间分辨率为 1.3m，包含 103 个光谱波段。实验影像及地表真实分类结果如图 10-2 所示。影像大致可以分为树木、沥青屋顶建筑、柏油路面、砂砾屋顶建筑、金属屋顶建筑、阴影、砖砌路面、草地和裸地。

帕维亚市某大学高光谱数据集训练样本、验证样本、测试样本的选择情况如表 10-1 所示。使用对比算法为支持向量机(SVM)和 BP 神经网络。其中，SVM 分类器采用高斯径向基核函数，核函数 γ 参数为 0.25，惩罚因子设置为 100；BP 算法中，学习率 $\eta=0.2$，学习动量为 0.9；SCAA 算法中，种群大小为 20，其他参数设置与 4.2.1 节中设置一致。BP 优化和 SCAA 优化的人工神经网络均采用一层隐含层，隐含层结点数设置为 10。

(a) 遥感影像

(b) 地表真实分类结果图

图 10-2　帕维亚市某大学高光谱遥感影像

表 10-1　帕维亚市某大学高光谱数据集样本选择

数目	名称	训练样本	验证样本	测试样本
1	沥青屋顶建筑	274	274	6340
2	草地	270	270	18146
3	砂砾屋顶建筑	196	196	1815
4	树木	262	262	2912
5	金属屋顶建筑	133	132	1113
6	裸地	266	266	4572
7	柏油路面	188	187	981
8	砖砌路面	257	257	3364
9	阴影	116	115	795

实施分类之前，首先要确定待分类特征。为了保持文章的整体性，本章的实验是在第 8 章特征提取与选择的基础上进行的。具体来说，在完成基于 DNLGSA 的特征选择之后，从 20 次独立运行获得的结果中，选择最小适应度值对应的结果作为最终选择的特征。

完成特征选择之后，基于本节提出的 SCAA_ANN 算法，以及 BP 神经网络、SVM，对特征集进行分类，得到最终的分类结果。然后，将分类结果与图 10-2

的样本数据联合分析，从定性与定量角度对比分析不同分类算法的性能。

本章的定量评价是基于整体分类精度(overall accuracy，OA)与 Kappa 系数两个指标进行的。对于所有分类算法，10 次独立运行得到 10 组分类结果，根据结果计算精度评价指标，然后计算均值即可，如表 10-2 所示。由表 10-2 可知，基于 SCAA 优化的神经网络分类精度最高，且明显优于其他两种算法。具体地，SCAA-ANN 分类器得到的帕维亚市某大学高光谱遥感影像的分类总体精度为 88.09%，与之对应的 Kappa 系数为 0.845；排在第二位的是 BP 神经网络得到的分类结果，总体精度为 83.66%，对应的 Kappa 系数为 0.792；而支持向量机分类器得到的分类精度最低，总体精度为 78.76%，对应的 Kappa 系数为 0.660。

表 10-2　3 种分类方法的结果对比

分类器	总体分类精度(OA)	Kappa 系数(k)
SVM	78.76%	0.660
BP	83.66%	0.792
SCAA-ANN	**88.09%**	**0.845**

在定性结果评价方面，为了比较的公平性，分别选择各算法最优的分类结果图进行比较，如图 10-3(b)～(d)所示。从图 10-3 可以看出，相比较于 BP 和 SCAA_ANN，SVM 分类器产生的斑点现象较少，但是存在大量的错分漏分现象，

(a) 地表真实数据

(b) SVM

图 10-3　帕维亚市某大学影像的分类结果图

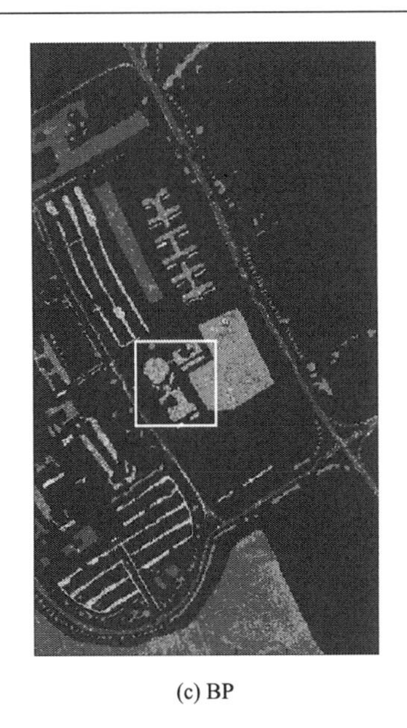

(c) BP

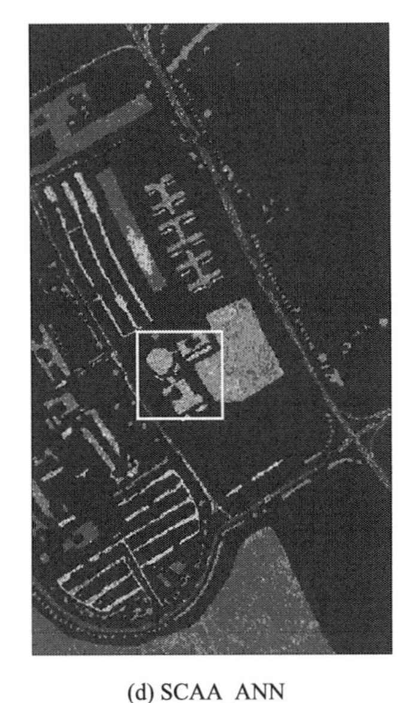

(d) SCAA_ANN

图 10-3（续）

尤其是在方框标出的区域，树木、砂砾屋顶建筑和裸地的识别。BP 神经网络分类器可以将各个类别很好地区分开来，但是草地区域斑点现象严重，无法很好地区分草地和裸地。相比较之下，SCAA_ANN 算法在帕维亚大学高光谱影像上表现出一定的优越性，分类效果最好。

10.4　影像分割与分类结果的融合

分析图 10-3 的分类结果可以发现，由于上述算法均是基于像元的分类方法，不能充分考虑影像中整个对象的局部特征，造成分类结果存在较多斑块、分类过于细碎。如前所述，影像分割能够充分利用空间信息，弥补基于像元分类方法的不足。因此，本节提出将分割与分类结果相融合，进一步提高高光谱遥感影像分类的精度。具体的方法流程如图 10-4(a)所示，分类与分割结果的融合是通过多数投票法实现的，多数投票法的示意图见图 10-4(b)(Ghamisi et al., 2014)。将分割方法与分类结果融合后，得到最终的影像分类结果图，如图 10-5 所示。对比图 10-5 与图 10-3 所示的分类结果可以发现，融合后的实验结果，有效去除了基于像元分类算法中的斑块现象，减少了数据的错分与漏分情况。

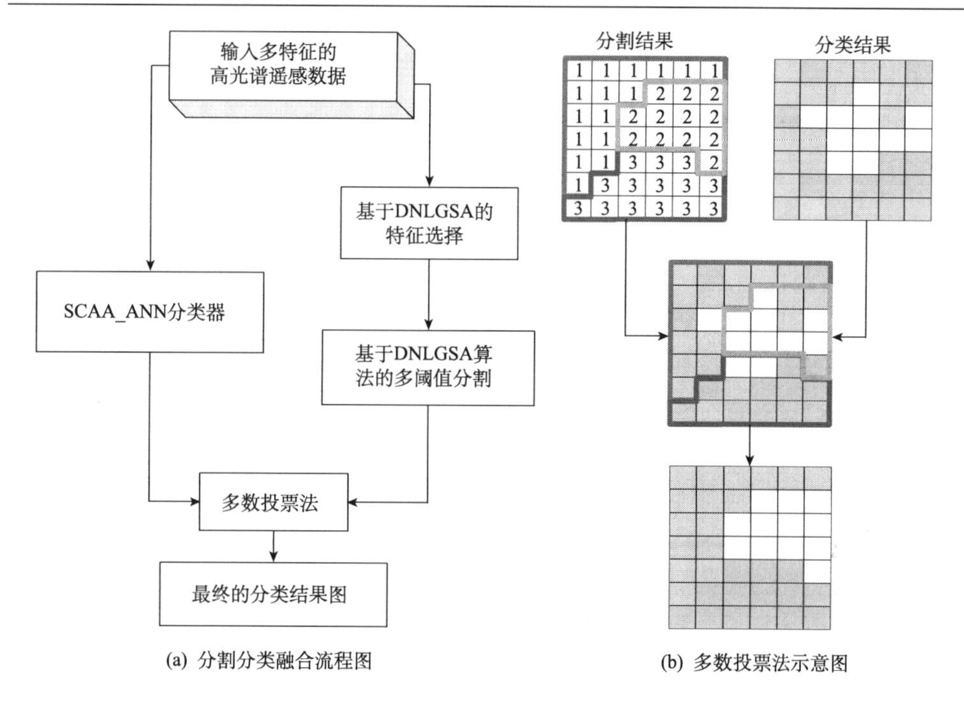

(a) 分割分类融合流程图　　(b) 多数投票法示意图

图 10-4　分割与分类结果的融合方法

图 10-5　高光谱影像的最终分类结果图

10.5 小　结

本节首先介绍了人工神经网络和基于 BP 优化的神经网络的基本原理，总结了 BP 算法存在的问题。之后，阐述了 SCAA 算法优化神经网络的两个关键问题及具体的操作步骤。为验证其效果，选用了意大利帕维亚市某大学的高光谱遥感影像进行了实验，并对比了 SVM 和 BP 神经网络分类器的分类效果。实验结果证明了基于 SCAA 优化的神经网络具有良好的分类性能。最后通过综合利用第 8 章、第 9 章提出的特征选择和分割方法，实现了分类图的融合，提高了分类精度。

第 11 章　基于差分进化算法和多尺度核 SVM 的高分辨率遥感影像分类

随着分辨率的不断提高，高分辨率遥感影像能够提供越来越精细的地面观测信息，地物目标的几何结构和纹理模式等信息都能够在高分辨率遥感影像上清晰呈现，同时地面目标的多尺度信息更加突出。为了充分利用高分辨率遥感影像的空间信息和光谱信息，本章采用多尺度核的支持向量机(SVM)方法对高分辨率遥感影像进行分类研究，并且引入差分进化算法对核函数参数进行选择，进一步提高多核 SVM 算法的有效性。

11.1　多核 SVM 学习方法

支持向量机(SVM)因其能较好地解决高维特征、非线性、过学习与不确定性等问题而广泛应用于遥感影像分类中，但大多数方法都是基于单个特征空间的单核方法。由于不同的核函数具有的特性并不相同，在不同的应用场合，核函数的性能表现差别很大，且核函数的构造或选择至今没有完善的理论依据。高分辨率影像特征复杂多样，采用单个简单核进行映射的方式对所有样本进行处理并不合理(Lee et al., 2007; Zien and Ong, 2007;Bach et al., 2004)。针对这些问题，近年来，出现了大量关于核组合方法的研究，即多核学习方法(汪洪桥等, 2010;Liu et al., 2000; Yang et al., 2006)。

多核学习方法是当前机器学习领域的一个新的热点(Zhu et al., 2013)。核方法是解决非线性模式分析问题的一种有效方法，但在一些复杂情形下，由单个核函数构成的核机器并不能满足如数据异构或不规则、样本规模巨大、样本不平坦分布等实际的应用需求，因此将多个核函数进行组合，以获得更好的结果是一种必然选择(Phienthrakul and Kijsirikul, 2005)。

多核模型是一种灵活性更强的基于核的学习模型，近年来的理论和应用已经证明利用多核代替单核能增强决策函数的可解释性，并能获得比单核模型或单核及其组合模型更优的性能。最初在生物信息学领域被提出，多核学习通过与支持向量机方法相结合，在众多领域都得到了研究人员的关注，如模式分类、多类目标检测与识别、模式回归、特征提取等，给核机器学习提供了更丰富的设计思路和更广泛的应用前景(满瑞君和梁雪春, 2013; 邢焕革等, 2013; 汪洪桥等, 2011; Zheng et al., 2006; Phienthrakul and Kijsirikul, 2005)。

11.2　多尺度核学习方法

多核学习中的普遍形式，即合成核方法，虽然有了一些成功应用，但都是根据简单核函数的线性组合，生成满足 Mercer 条件的新核函数；核函数参数的选择与组合没有依据可循，对样本的不平坦分布仍无法圆满解决，限制了决策函数的表示能力。多尺度核学习是多核学习方法的一种特殊化情形，即将多个尺度的核进行融合(晁拴社等, 2016; 孙中华和杨晓迪, 2015;Pozdnoukhov and Kanevski, 2008; Yang et al., 2006)。这种方法更具灵活性，并且能比合成核方法提供更完备的尺度选择，此外，随着小波理论、多尺度分析理论的不断成熟与完善，多尺度核学习(multi-scale kernel learning, MSKL)方法通过引入尺度空间，具有了很好的理论背景。

多尺度核学习方法的基础是找到一组具有多尺度表示能力的核函数，高斯径向基核是一种被广泛使用的核函数：

$$k(x,z)=\exp\left(-\frac{\|x-z\|^2}{2\sigma^2}\right) \tag{11-1}$$

不同尺度的高斯径向基核的组合也被证明满足 Mercer 条件，以此核函数为例，将其多尺度化：

$$k\left(-\frac{\|x-z\|^2}{2\sigma_1^2}\right),\cdots,k\left(-\frac{\|x-z\|^2}{2\sigma_m^2}\right) \tag{11-2}$$

式中，$\sigma_1<\cdots<\sigma_m$。可以看出，当σ较小时，分类器可以对那些剧烈变化的样本进行分类；而当σ较大时，可以用来对那些平稳变化的样本进行分类，能得到更优的泛化能力。

11.2.1　多尺度核序列学习方法

在多尺度核的学习中，最直观的思路就是进行多尺度核的序列学习。多尺度核序列合成方法简单理解就是先用大尺度核拟合对应决策函数平滑区域的样本，然后用小尺度核拟合决策函数变化相对剧烈区域的样本(Li et al., 2007)，后面的步骤利用前面步骤的结果，进行逐级优化，最终得到更优的分类结果。

考虑一个两尺度核k_1和k_2合成的分类问题，要得到的合成的决策函数为

$$f(x)=f_1(x)+f_2(x) \tag{11-3}$$

式中，

$$f_1(x)=\sum_{i=1}^{N}\alpha_i k_1(x_i,x)+b_1$$
$$f_2(x)=\sum_{i=1}^{N}\beta_i k_2(x_i,x)+b_2 \tag{11-4}$$

设想 k_1 是一个大尺度的核函数(如 σ 较大的径向基函数)，相关的核项系数 α_i 选择那些决策函数 $f(x)$ 光滑区域对应的支持向量；而 k_2 是小尺度核函数，核项系数 β_i 选择那些决策函数 $f(x)$ 剧烈变化区域对应的支持向量。具体方法是：首先通过大尺度的单核 k_1 构造函数 $f_1(x)$，这样，该函数可以很好地拟合光滑区域，但在其他地方存在显著误差，可以使用相对较小的松弛因子来求取 α_i；然后，在 $f_1(x)$ 基础上使用小尺度的核 k_2 构造 $f_2(x)$，使得联合函数 $f_1(x)+f_2(x)$ 比 $f_1(x)$ 具有更好的拟合性能(Opfer, 2006)。这种方法实际上是多次使用二次规划以实现参数的获取，运算复杂度较高，同时支持向量的数量也大量增加。

11.2.2　基于智能优化算法的多尺度核学习方法

针对多尺度核学习问题，另一类重要的方法仍是基于多核整体智能优化(刘光帅等, 2010,Walder et al., 2008; Zheng et al., 2006; Zhou et al., 2006)。例如，利用最大期望算法训练多尺度支持向量回归,这种方法起源于非平坦函数的估计问题,它采用多种尺度的核函数，使得较小尺度的核可以拟合快速变化，而较大尺度的核可以拟合平缓变化。本节介绍一种多尺度径向基核参数选择的差分进化策略，用于支持向量机的训练。该算法针对多尺度径向基核函数的组合形式为

$$k(x,y)=\sum_{i=1}^{N}\alpha_i k(x,y,\gamma_i) \tag{11-5}$$

$$k(x,y,\gamma_i)=\exp\left(-\gamma_i\|x-y\|^2\right) \tag{11-6}$$

这里有 $2n$ 个参数需要确定，分别是 n 个权重参数 α_i 和 n 个径向基核的宽度 $\gamma_i(i=1,\cdots,n)$。这些参数值的确定会影响组合核的性能，也最终会影响到分类精度。

11.3　基于动态差分进化算法的多尺度核参数优化

差分进化算法(DE)是由 Storn 等人提出的一种基于群体智能理论的优化算法，采用实数编码，与遗传算法相似，它也是通过个体在变异、交叉及选择算子的作用下向更高的适应度进化以达到寻求问题最优解的目标(王鹏等, 2006)。其基本思想是：在问题的搜索空间随机初始化种群 $p^0=\left[x_1^0,x_2^0,\cdots,x_N^0\right]$，$N$ 为种群规模，个体 $x_i^0=\left[x_{i,1}^0,x_{i,2}^0,\cdots,x_{i,n}^0\right]$ 表示问题的一个解，n 表示优化问题的维数。首

先通过式(11-7)对每一个在t时刻的个体x_i^t实施变异操作得到变异个体v_i^{t+1}。

$$v_i^{t+1} = x_{r_1}^t + F\left(x_{r_2}^t - x_{r_3}^t\right) \tag{11-7}$$

式中，$r_1, r_2, r_3 \in \{1, 2, \cdots, N\}$互不相同且与$i$不同；$x_{r_1}^t$为父代基向量；$\left(x_{r_2}^t - x_{r_3}^t\right)$为父代差分向量；$F$为缩放比例因子；$t$为当前代数，$t+1$表示下一代。

然后利用式(11-8)对个体x_i^t和个体v_i^{t+1}进行交叉操作，生成实验个体u_i^{t+1}：

$$u_{i,j}^{t+1} = \begin{cases} v_{i,j}^t, & \text{rand}(j) \leqslant \text{CR或} j = \text{rnbr}(i) \\ x_{i,j}^t, & \text{其他} \end{cases} \tag{11-8}$$

式中，$\text{rand}(j)$为$[0,1]$内的满足均匀分布的随机数；CR为交叉概率，$\text{CR} \in [0,1]$；$\text{rnbr}(i)$为$\{1, 2, \cdots, n\}$中的随机量。

最后利用式(11-9)对个体x_i^t和个体u_i^{t+1}的目标函数值进行比较，选择目标函数值大的个体(对于最大化问题)作为新种群的个体x_i^{t+1}：

$$x_i^{t+1} = \begin{cases} u_i^{t+1}, & f\left(u_i^{t+1}\right) > f\left(x_i^t\right) \\ x_i^t, & \text{其他} \end{cases} \tag{11-9}$$

式中，$f(u)$为个体的目标函数值。

对于待处理数据，选择训练样本与测试样本，将测试样本分类结果(正确率)作为目标函数$f(v)$，其中，v是由$2n$个组合核参数构成的向量，进化策略的目标就是找到一个合适的v，使得$f(v)$最大。智能优化策略的核心就是通过对解向量进行组合、变异、竞争选择，在设定的迭代次数内不断求取并更新目标函数，最终得到$f(v)$的最大值。

差分进化算法的主要思想是基于种群内的个体差异度生成临时个体，然后随机重组实现种群进化。本节引入了一种动态调整子种群个体数目的差分进化算法，其思路为：将初始种群分为3个子种群，其个体数目分别为N_1、N_2和N_3，满足$N_1 + N_2 + N_3 = N$，N为种群规模。在每次差分进化算法迭代后，N个个体将获得新的目标函数值，然后将其排序，将目标函数值较高的N_1个个体作为第一级子种群，采用DE / best / 1变异策略：

$$v_i^{t+1} = x_{best}^t + F\left(x_{r_2}^t - x_{r_3}^t\right) \tag{11-10}$$

用于进行局部搜索，加快算法收敛；将目标函数值一般的N_2个个体作为第二级子种群，采用DE / rand to best / 1变异策略：

$$v_i^{t+1} = x_i^t + F\left(x_{best}^t - x_i^t\right) + F\left(x_{r_1}^t - x_{r_2}^t\right) \tag{11-11}$$

用于平衡算法的局部搜索能力和全局搜索能力；将目标函数值较低的N_3个个体作为第三级子种群，采用DE / rand / 2变异策略：

$$v_i^{t+1} = x_{r_1}^t + F\left(x_{r_2}^t - x_{r_3}^t\right) + F\left(x_{r_4}^t - x_{r_5}^t\right) \tag{11-12}$$

用于加强全局搜索能力，跳出局部最优。本文节使用的目标函数值为测试样本的分类精度。三个子种群分别采用不同的变异策略，在迭代过程中，搜索的初始阶段应偏重于全局搜索，因而此阶段的 N_3 值应取较大些，以增强算法的全局搜索能力；在搜索的中期阶段，采取全局搜索能力与局部搜索能力并重的方式，则 N_1，N_2，N_3 的取值应比较接近；而在搜索的最后阶段，主要考虑局部的精确搜索，则 N_3 的取值应大些，以增强算法的局部搜索能力。因此，迭代过程中的子种群数目是会随着迭代过程动态调整的，同时，需要注意的是，为了加快算法的收敛速度，当实验个体比其目标个体具有更优的目标函数值时，实验变量代替目标变量立刻进入当前种群参与其后的进化。本节引入动态差分算法来确定多尺度核参数的流程，如图 11-1 所示。

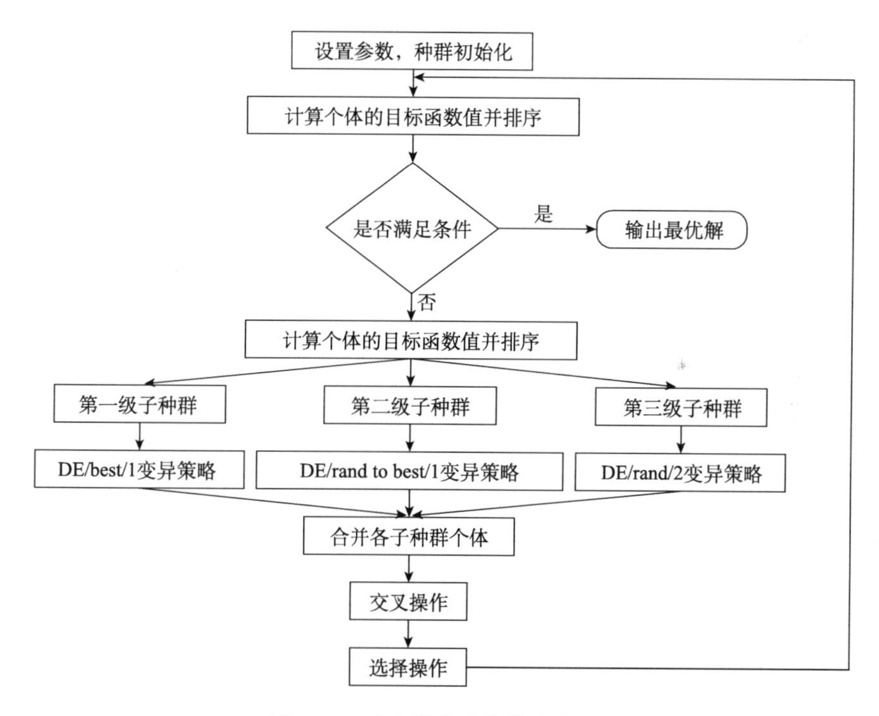

图 11-1　动态差分进化算法流程图

11.4　高分辨率遥感影像分类

高分辨率遥感影像分类的基本的处理流程是获取实验图像，提取实验图像的光谱信息并基于分形理论提取纹理信息，结合光谱和纹理信息对图像进行分割，使用多尺度核分类器对分割后的对象进行分类，多尺度核的参数由改进的动态调整子种群个数的差分进化算法确定。处理步骤主要包括属性特征信息的提取、图像分割、训练样本的提取、DE 算法获取多尺度核参数、基于多尺度核的图像分类，最后是精度评价，如图 11-2 所示。

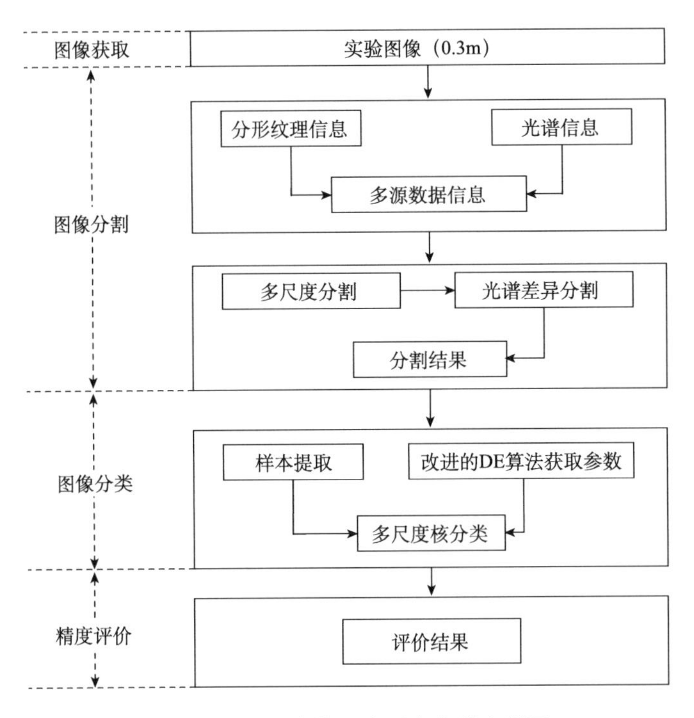

图 11-2　多尺度核面向对象分类流程图

本节选取圣地亚哥 2010 年 5 月 3 日的 0.3m 分辨率的高分辨率遥感图像，截取其中 600×600 的图像作为实验区，如图 11-3(a)所示。从图上可以清晰地看到 7 种地物：道路($C1$)，植被($C2$)，水体($C3$)，房屋($C4$)，阴影($C5$)，裸地($C6$)和石滩($C7$)的分布。中间是一个环形湖，湖的周边是大量植被，外围是大片房屋及南北两条道路，房屋前后是裸地，高大的植被投下明显的阴影，石滩主要分布在湖和道路一侧。

本节将应用改进 DE 算法获取参数的结合光谱信息与纹理信息的多尺度核面向对象分类($E1$)算法对实验图像进行分类，分类结果如图 11-3(b)所示，图像分类精度如表 11-1 所示。由图 11-3 和表 11-1 可以看出，道路、植被、房屋、裸地和水体可以得到较好的分类，而阴影和石滩则较难区分，出现了不同程度的错分现象，但整体分类结果及精度较好。为了说明本节算法的有效性，将本节算法与仅基于光谱信息的多尺度核面向对象分类($E2$)和应用交叉验证获取参数的结合光谱信息与纹理信息的多尺度核面向对象分类($E3$)进行对比实验，对三种方法的分类结果进行比较分析，分类结果图如图 11-3(c)(d)所示，三种分类方法对比见表 11-2。

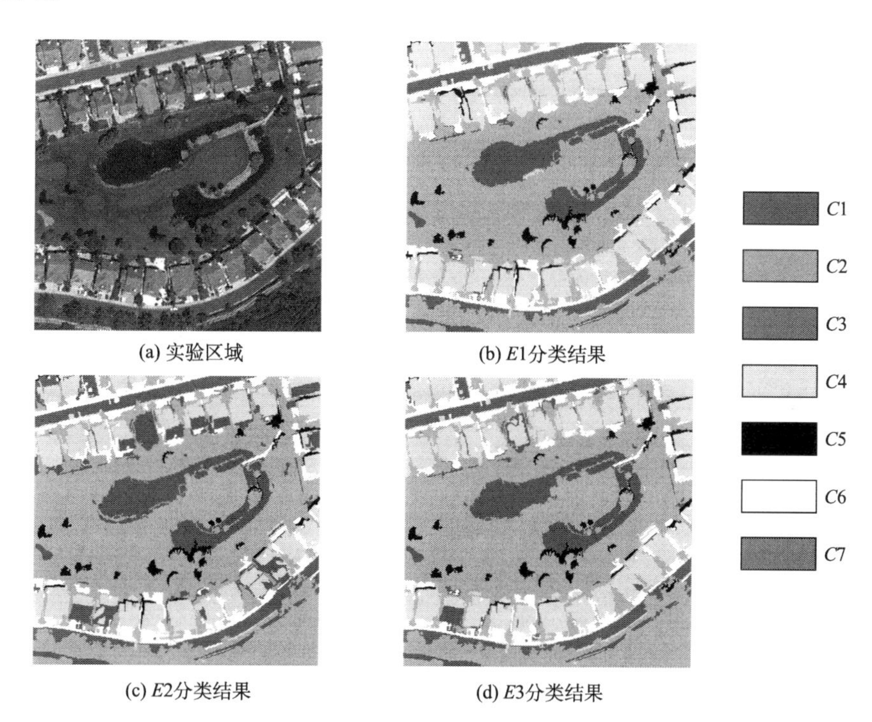

(a) 实验区域　(b) $E1$分类结果　(c) $E2$分类结果　(d) $E3$分类结果

图 11-3　分类结果图

表 11-1　$E1$ 图像分类精度

	$C1$	$C2$	$C3$	$C4$	$C5$	$C6$	$C7$	Total
$C1$	19669	288	0	311	0	0	0	20268
$C2$	327	184654	0	713	3924	0	0	189618
$C3$	0	0	20891	0	1292	0	0	22183
$C4$	64	587	0	74704	0	2213	2579	80147
$C5$	0	2671	49	0	7376	0	0	10096
$C6$	0	0	0	423	174	25477	194	26268
$C7$	0	846	0	2572	0	733	7269	11420
Total	20060	189046	20940	78723	12766	28423	10042	360000

Overall Accuracy = (340040/360000) = 94.4556%

Kappa Coefficient = 0.9160

表 11-2　三种图像分类方法结果精度评价

分类方法	总精度/%	Kappa	CPUtime
$E1$	94.4556	0.9160	2.3827×10^3
$E2$	88.9203	0.8348	2.2764×10^3
$E3$	93.3458	0.8989	3.2887×10^3

通过与未添加纹理信息的实验相比较，纹理信息的加入明显提高了房屋的分类精度，这是由于实验图像中正对阳光一面的房屋的光谱特征容易与石滩的光谱特征混淆；而背对阳光一面的房屋又容易与道路的光谱特征混淆。交叉验证用来获取多尺度核分类器参数的方法，从结果上来看，与改进的 DE 算法的分类精度相差不大，但在分类器的构建效率方面，改进的 DE 算法具有明显的优势。

11.5　小　　结

针对高分辨率影像进行面向对象分类时传统方法在分类效率、精度及高分辨率影像信息利用上的不足，提出应用多尺度核学习方法进行高分辨率影像的面向对象分类，并利用改进后的动态调整子种群个体的差分进化算法确定多尺度核参数。通对实验图像进行的分类实验可知，改进的多尺度核学习算法从整体上提高了高分辨率影像的面向对象分类效果，主要体现在以下三个方面。

(1) 多尺度核方法的应用可以较好地解决高分辨率影像样本特征维数高，数据量大的问题，引入的尺度空间也增强了多尺度核的灵活性与可解释性。

(2) 改进的动态调整子种群个体的差分进化算法与传统的交叉验证方法相比提高了多尺度核参数的选取效率和有效性。

(3) 纹理特征的加入为多尺度核分类器提供了丰富的空间特征，使高分辨率影像丰富的空间信息得到有效的利用，增强了分类的效果。

上述三个方面的改进相辅相成，提高了分类精度。实验结果表明，改进的多尺度核方法具有较高可行性，在高分辨率遥感影像分类中具有良好的应用前景。

多尺度核方法具有更优的研究基础和前景，随着尺度空间理论和小波理论的不断完善，多尺度分析方法得到了认同和推广。多尺度核由于具有较为统一的模型形式和丰富的尺度选择，在处理复杂问题时有很大的优势，特别是如高斯核这种具有强映射能力的核函数(能将样本空间映射到无穷维的特征空间)。对于如何解决多个尺度核带来的支持向量个数急剧增大及大量参数选取的问题，采用智能优化算法是较好的解决方法；除此之外，还可以将不同多尺度进行合成，研究多尺度合成核方法，进一步增强决策函数的多尺度分辨与表达性能。

参 考 文 献

安澄全, 彭军伟. 2013. 基于混合优化的平滑 1-0 压缩感知重构算法[J]. 应用科技, (5): 23-28.

毕晓君, 王珏. 2012. 基于混合迁移策略的生物地理学优化算法[J]. 模式识别与人工智能, 25(5): 768-774.

蔡之华, 龚文引. 2010. 基于进化规划的新型生物地理学优化算法研究[J]. 系统工程理论与实践, 30(6): 1106-1112.

晁拴社, 楚恒, 王兴. 2016. 高光谱图像数据的多尺度多核 SVM 分类[J]. 计算机与现代化, (2): 11-14.

陈汉武, 朱建锋, 阮越, 等. 2016. 带交叉算子的量子粒子群优化算法[J]. 东南大学学报: 自然科学版, 46(1): 23-29.

范会联, 曾广朴. 2015. 带自适应迁入的生物地理学优化算法[J]. 计算机应用研究, 32(12): 3642-3645.

冯莉, 李满春, 李飞雪. 2008. 基于遗传算法的遥感图像纹理特征选择[J]. 南京大学学报: 自然科学版, 44(3): 310-319.

高凯歌. 2014. 生物地理学优化算法的改进研究及其应用[D]. 济南: 山东师范大学硕士学位论文.

黄席樾, 向长城, 殷礼胜. 2009. 现代智能算法理论及应用. 北京: 科学出版社.

蒋芳. 2012. 基于 MATLAB 的遥感图像 SVM 分类系统实现[D]. 武汉: 湖北大学硕士学位论文.

蒋捷峰. 2011. 基于 BP 神经网络的高分辨率遥感影像分类研究[D]. 北京: 首都师范大学硕士学位论文.

蒋韬. 2013. 基于遗传粒子群优化算法的遥感图像分类方法研究与应用[D]. 北京: 首都师范大学硕士学位论文.

李知聪, 顾幸生. 2016. 改进的生物地理学优化算法在混合流水车间调度中的应用[J]. 化工学报, 67(3): 751-757.

刘光帅, 李柏林, 何朝明. 2010. 基于多尺度核函数的散乱点云数据过滤方法[J]. 计算机应用研究, 27(11): 4348-4349, 4352.

刘小平, 黎夏, 何晋强, 等. 2008. 基于蚁群智能的遥感影像分类新方法[J]. 遥感学报, 12(2): 253-262.

鲁宇明, 王彦超, 刘嘉瑞, 等. 2016. 一种改进的生物地理学优化算法[J]. 计算机工程与应用, 52(17): 146-151.

马世欢, 张亚楠. 2015. 改进生物地理学优化算法的无线传感器节点定位[J]. 微型电脑应用, 31(5): 50-53.

满瑞君, 梁雪春. 2013. 基于多尺度小波支持向量机的交通流预测[J]. 计算机仿真, 30(11): 156-159.

莫愿斌, 刘付永, 张宇楠. 2013. 带高斯变异的人工萤火虫优化算法[J]. 计算机应用研究, 30(1): 121-123.

尚玉昌. 2014. 动物行为研究的新进展(十): 栖息地选择[J]. 自然杂志, 36(3): 182-185.
沈泉飞, 曹敏, 史照良, 等. 2017. 基于布谷鸟算法的遥感影像智能分类[J]. 测绘通报, (1): 65-68.
施冬艳. 2014. 基于 GA-PSO 优化分层 DT-SVM 混合核的遥感图像分类及其应用[D]. 南京: 南京邮电大学硕士学位论文.
孙中华, 杨晓迪. 2015. 一种多尺度小波核极限学习机的图像检索仿真[J]. 红外技术, 37(6): 484-487.
谭琨. 2010. 基于支持向量机的高光谱遥感影像分类研究[D]. 徐州: 中国矿业大学博士学位论文.
唐继勇, 仲元昌, 曾广朴. 2016. 基于迁出地动态选择与自适应迁入策略的BBO算法[J]. 计算机科学, 43(10): 282-286.
涂娟娟. 2013. PSO优化神经网络算法的研究及其应用[D]. 镇江: 江苏大学博士学位论文.
汪洪桥, 蔡艳宁, 孙富春, 等. 2011. 多尺度核方法的自适应序列学习及应用[J]. 模式识别与人工智能, 24(1): 72-81.
汪洪桥, 孙富春, 蔡艳宁, 等. 2010. 多核学习方法[J]. 自动化学报, 36(8): 1037-1050.
王珏. 2013. 生物地理学优化算法的研究及应用[D]. 哈尔滨: 哈尔滨工程大学博士学位论文.
王岚莹. 2012. 基于遗传思想改进的粒子群优化算法与应用研究[D]. 哈尔滨: 哈尔滨理工大学硕士学位论文.
王鹏, 王志成, 张钧, 等. 2006. 基于多尺度小波核 LS-SVM 的红外弱小目标检测[J]. 红外与激光工程, (z4): 251-257.
王奇琪, 孙根云, 张爱竹, 等. 2015. 基于斥力的引力搜索算法[J]. 计算机科学, 42(09): 240-245.
王桃, 江松, 卢才武. 2016. 露天矿运输调度优化的生物地理学改进算法[J]. 金属矿山, V45(9): 161-164.
王玉梅, 程辉, 钱锋, 等. 2016. 改进生物地理学优化算法及其在汽油调合调度中的应用[J]. 化工学报, 67(3): 773-778.
王智昊, 刘培玉, Ding D. 2017. 基于人工萤火虫局部决策域的改进生物地理学优化算法[J]. 计算机应用, 37(5): 1363-1368.
吴沛锋. 2012. 智能优化算法及其应用[D]. 沈阳: 东北大学博士学位论文.
邢焕革, 卫一熳, 彭义波. 2013. 基于多尺度最小二乘支持向量机的舰船备件器材多类分类[J]. 长春大学学报, 12: 002.
徐遥, 安亚静, 王士同. 2011. 基于三角范数的引力搜索算法分析[J]. 计算机科学, 38(11): 225-230.
徐志丹, 莫宏伟. 2014. 多目标扰动生物地理学优化算法[J]. 控制与决策, (2): 231-235.
许秋艳. 2011. 生物地理学优化算法及其应用研究[D]. 上海: 华东师范大学博士学位论文.
杨帆, 黎宁, 刘恩. 2007. 非线性最小二乘法及 BP 神经网络在血管外给药动力学模拟中的应用[J]. 数理医药学杂志, 20(2): 200-202.
杨甲沛. 2008. 基于自适应学习速率的改进型 BP 算法研究[D]. 天津: 天津大学硕士学位论文.
叶开文, 刘三阳, 高卫峰. 2012. 基于差分进化的生物地理学优化算法[J]. 计算机应用, 32(11): 2981-2984.
袁永福. 2014. 基于粒子群和互信息的高光谱图像波段选择和分类[D]. 西安: 西安电子科技大

学硕士学位论文.

张舰, 李郁侠. 2015. 风电机组齿轮箱温度预测中输入变量的选择及仿真[J]. 西安工业大学学报, 35(4): 340-344.

张萍, 魏平, 于鸿洋. 2011. 一种基于生物地理优化的快速运动估计算法[J]. 电子与信息学报, 33(5): 1017-1023.

张萍, 魏平, 于鸿洋, 等. 2012. 基于混沌的生物地理分布优化算法[J]. 电子科技大学学报, 41(1):65-69.

张新明, 康强, 涂强, 等. 2016. 融合细菌觅食趋化算子的生物地理学优化算法[J]. 郑州大学学报: 理学版, 48(4): 44-53.

张毅, 谭龙, 陈冠, 等. 2014. 基于面向对象分类法的高分辨率遥感滑坡信息提取[J]. 兰州大学学报: 自然科学版, 50(5): 745-750.

赵永标. 2007. 基于分层自适应学习率的改进 BP 算法[J]. 电脑知识与技术: 学术交流, 2(11): 1390-1391.

周建华. 1999. 共轭梯度法在 BP 网络中的应用[J]. 计算机工程与应用, (3): 17-18.

Affijulla S, Chauhan S. 2011. A new intelligence solution for power system economic load dispatch[C]. 10th International Conference of Environment and Electrical Engineering (EEEIC).

Akay B. 2013. A study on particle swarm optimization and artificial bee colony algorithms for multilevel thresholding[J]. Applied Soft Computing, 13(6): 3066-3091.

Alatas B, Akin E, Karci A. 2008. MODENAR: Multi-objective differential evolution algorithm for mining numeric association rules[J]. Applied Soft Computing Journal, 8(1): 646-656.

Ali M, Ahn C W, Pant M. 2014. Multi-level image thresholding by synergetic differential evolution[J]. Applied Soft Computing, 17: 1-11.

Al-Roomi A R, El-Hawary M E. 2016. Metropolis biogeography-based optimization[J]. Information Sciences, 360: 73-95.

Arthur R H M. 1967. The Theory of Island Biogeography[M]. Princeton: Princeton University Press.

Atasever U H, Civicioglu P, Besdok E, et al. 2014. A new unsupervised change detection approach based on DWT image fusion and backtracking search optimization algorithm for optical remote sensing data[J]. International Archives of the Photogrammetry Remote Sensing & S, XL-7(7): 15-18.

Bach F R, Lanckriet G R, Jordan M I. 2004. Multiple kernel learning, conic duality, and the SMO algorithm[C]. 21st International Conference on Machine Learning.

Bakhouya M, Gaber J. 2007. An immune inspired-based optimization algorithm: Application to the traveling salesman problem[J]. Advanced Modeling and Optimization, 9(1): 105-116.

Beheshti Z, Shamsuddin S M H. 2014. CAPSO: Centripetal accelerated particle swarm optimization[J]. Information Sciences, 258: 54-79.

Beheshti Z, Shamsuddin S M H. 2015. Non-parametric particle swarm optimization for global optimization[J]. Applied Soft Computing, 28: 345-359.

Behrang M, Assareh E, Ghalambaz M, et al. 2011. Forecasting future oil demand in Iran using GSA (Gravitational Search Algorithm)[J]. Energy, 36(9): 5649-5654.

Bhandari A K, Kumar A, Chaudhary S, et al. 2015a. A new beta differential evolution algorithm for edge preserved colored satellite image enhancement[J]. Multidimensional Systems and Signal Processing, 45: 1-33.

Bhandari A K, Kumar A, Chaudhary S, et al. 2016a. A novel color image multilevel thresholding based segmentation using nature inspired optimization algorithms[J]. Expert Systems with Applications, 63: 112-133.

Bhandari A K, Kumar A, Singh G K. 2015b. Modified artificial bee colony based computationally efficient multilevel thresholding for satellite image segmentation using Kapur's, Otsu and Tsallis functions[J]. Expert Systems with Applications, 42(3): 1573-1601.

Bhandari A K, Kumar A, Singh G K. 2015c. Tsallis entropy based multilevel thresholding for colored satellite image segmentation using evolutionary algorithms[J]. Expert Systems with Applications, 42(22): 8707-8730.

Bhandari A K, Kumar D, Kumar A, et al. 2016c. Optimal sub-band adaptive thresholding based edge preserved satellite image denoising using adaptive differential evolution algorithm[J]. Neurocomputing, 174: 698-721.

Bhandari A K, Singh G K, Kumar A, et al. 2014. Cuckoo search algorithm and wind driven optimization based study of satellite image segmentation for multilevel thresholding using Kapur's entropy[J]. Expert Systems with Applications, 41(7): 3538-3560.

Bhandari A K, Voineskos D, Daskalakis Z J, et al. 2016b. A Review of impaired neuroplasticity in schizophrenia investigated with non-invasive brain stimulation[J]. Frontiers in Psychiatry, 7: 45.

Birbil S I, Fang S C. 2003. An electromagnetism-like mechanism for global optimization[J]. Journal of Global Optimization, 25(3): 263-282.

Boussaid I, Chatterjee A, Siarry P, et al. 2011. Two-stage update biogeography-based optimization using differential evolution algorithm (DBBO)[J]. Computers & Operations Research, 38(8): 1188-1198.

Chakraborty U. K. 2008. Advances in Differential Evolution[M]. Berlin: Springer.

Chao Y, Dai M, Chen K, et al. 2016. A novel gravitational search algorithm for multilevel image segmentation and its application on semiconductor packages vision inspection[J]. Optik-International Journal for Light and Electron Optics, 127(14): 5770-5782.

Chatterjee A, Ghoshal S P, Mukherjee V. 2012a. A maiden application of gravitational search algorithm with wavelet mutation for the solution of economic load dispatch problems[J]. International Journal of Bio-Inspired Computation, 4(1): 33-46.

Chatterjee A, Siarry P, Nakib A, et al. 2012b. An improved biogeography based optimization approach for segmentation of human head CT-scan images employing fuzzy entropy[J]. Engineering Applications of Artificial Intelligence, 25(8): 1698-1709.

Chen W N, Zhang J, Lin Y, et al. 2013. Particle swarm optimization with an aging leader and challengers[J]. IEEE Transactions on Evolutionary Computation, 17(2): 241-258.

Chu S C, Tsai P W, Pan J S. 2006. Cat Swarm Optimization[C]. Pacific Rim International Conference on Artificial Intelligence.

Civicioglu P. 2012. Transforming geocentric cartesian coordinates to geodetic coordinates by using differential search algorithm[J]. Computers & Geosciences, 46: 229-247.

Darwin C, Beer G. 1947. The Origin of Species[M]. London: J. M. Dent & Sons Ltd.

Das S, Abraham A, Konar A. 2008. Automatic Clustering Using an Improved Differential Evolution Algorithm[J]. IEEE Transactions on Systems, Man and Cybernetic—Part A, 38(1): 218-237.

Derrac J, García S, Molina D, et al. 2011. A practical tutorial on the use of nonparametric statistical tests as a methodology for comparing evolutionary and swarm intelligence algorithms[J]. Swarm and Evolutionary Computation, 1(1): 3-18.

Doraghinejad M, Nezamabadi-Pour H. 2014. Black hole: A new operator for gravitational search algorithm[J]. International Journal of Computational Intelligence Systems, 7(5): 809-826.

Dorigo M, Gambardella L M. 1997. Ant colonies for the travelling salesman problem[J]. Biosystems, 43(2): 73-81.

Drigo M, Maniezzo V, Colorni A. 1996. The ant system: optimization by a colony of cooperation agents[J]. IEEE Transactions of Systems, Man, and Cybernetics, (Part B): 29-41.

Duman S, Maden D, Güvenc U. 2011. Determination of the PID controller parameters for speed and position control of DC motor using gravitational search algorithm[C]. 7th International Conference on Electrical and Electronics Engineering (ELECO).

Eberhart R, Kennedy J. 1995. A new optimizer using particle swarm theory[C]. 6th International Symposium on Micro Machine and Human Science, 1995: 39-43.

Engelbrecht A P. 2007. Computational Intelligence: An Introduction[M]. Hoboken: John Wiley & Sons. Inc.

Feng Y, Jia K, He Y. 2014. An improved hybrid encoding cuckoo search algorithm for 0-1 knapsack problems[J]. Computational Intelligence and Neuroscience, 2014: 1-9.

Feoktistov V. 2006. Differential evolution: In search of solutions [M]. New York: Springer.

Feynman R P. 1982. Simulating physics with computers[J]. International Journal of Theoretical Physics, 21(6): 467-488.

Fraser A. 1957. Simulation of genetic systems by automatic digital computers[J]. Australian Journal of Biological Sciences, 10: 484-491.

Gao J, Xu L. 2015. An efficient method to solve the classification problem for remote sensing image[J]. AEU-International Journal of Electronics and Communications, 69(1): 198-205.

Gao S, Vairappan C, Wang Y, et al. 2014. Gravitational search algorithm combined with chaos for unconstrained numerical optimization[J]. Applied Mathematics And Computation, 231: 48-62.

García S, Molina D, Lozano M, et al. 2009. A study on the use of non-parametric tests for analyzing the evolutionary algorithms' behaviour: A case study on the CEC'2005 special session on real parameter optimization[J]. Journal of Heuristics, 15(6): 617.

Geem Z W, Kim J H, Loganathan G V. 2001. A new heuristic optimization algorithm: harmony search[J]. Simulation, 76(2): 60-68.

Gendreau M, Potvin J Y, Bräumlaysy O, et al. 2008. The vehicle routing problem: latest advances and new challenges//Metaheuristics for the Vehicle Routing Problem and its Extensions: A Categorized Bibliography[M]. Berlin: Springer.

Ghamisi P, Benediktsson J A. 2015. Feature selection based on hybridization of genetic algorithm and particle swarm optimization[J]. IEEE Geoscience and Remote Sensing Letters, 12(2):

309-313.

Ghamisi P, Couceiro M S, Benediktsson J A. 2015. A novel feature selection approach based on FODPSO and SVM[J]. IEEE Transactions on Geoscience and Remote Sensing, 53(5): 2935-2947.

Ghamisi P, Couceiro M S, Martins F M, et al. 2014. Multilevel image segmentation based on fractional-order Darwinian particle swarm optimization[J]. Geoscience and Remote Sensing, IEEE Transactions on, 52(5): 2382-2394.

Gong W Y, Cai Z H, Ling C X, et al. 2010. A real-coded biogeography-based optimization with mutation[J]. Applied Mathematics And Computation, 216(9): 2749-2758.

Gong Y J, Li J J, Zhou Y, et al. 2016. Genetic learning particle swarm optimization[J]. IEEE Transactions on Cybernetics, 46(10): 2277-2290.

González B, Valdez F, Melin P, et al. 2015. Fuzzy logic in the gravitational search algorithm for the optimization of modular neural networks in pattern recognition[J]. Expert Systems with Applications, 42(14): 5839-5847.

Guo W A, Lei W, Ming C, et al. 2016. Solution-distance-based migration rate calculating for biogeography-based optimization[J]. Journal of Southeast University (English Edition), 33(5): 699-702.

Guo W, Wang L, Wu Q. 2014. An analysis of the migration rates for biogeography-based optimization[J]. Information Sciences, 254(19): 111-140.

Gupta C, Jain S. 2014. Multilevel thresholding based on fuzzy C partition and gravitational search algorithm[J]. INFOCOMP Journal of Computer Science, 13(1): 1-11.

Hamdaoui F, Sakly A, Mtibaa A. 2015. Computational intelligence applications in modeling and control//An Efficient Multi Level Thresholding Method for Image Segmentation Based on the Hybridization of Modified PSO and Otsu's Method[M]. Berlin: Springer-Verlag.

Hammouche K, Diaf M, Siarry P. 2008. A multilevel automatic thresholding method based on a genetic algorithm for a fast image segmentation[J]. Computer Vision and Image Understanding, 109(2): 163-175.

Han X H, Chang X M, Quan L, et al. 2014. Feature subset selection by gravitational search algorithm optimization[J]. Information Sciences, 281: 128-146.

Han X H, Quan L, Xiong X Y, et al. 2013. Facing the classification of binary problems with a hybrid system based on quantum-inspired binary gravitational search algorithm and K-NN method[J]. Engineering Applications of Artificial Intelligence, 26(10): 2424-2430.

Han X, Xiong X, Duan F. 2015. A new method for image segmentation based on BP neural network and gravitational search algorithm enhanced by cat chaotic mapping[J]. Applied Intelligence, 43(4): 855-873.

Hanski I, Gilpin M E, McCauley D E. 1997. Metapopulation Biology[M]. San Diego: Academic Press.

Hassanzadeh H R, Rouhani M. 2010. A multi-objective gravitational search algorithm[C]. 2nd International Conference on Computational Intelligence, Communication System and Networks (CICSyN).

Hatamlou A, Abdullah S, Nezamabadi-pour H. 2012. A combined approach for clustering based on K-means and gravitational search algorithms[J]. Swarm and Evolutionary Computation, 6: 47-52.

Holland J H. 1975. Adaptation in natural and artificial systems: An introductory analysis with applications to biology, control, and artificial intelligence[M]. Oxford: U Michigan Press.

Hughes G. 1968. On the mean accuracy of statistical pattern recognizers[J]. IEEE Transactions on Information Theory, 14(1): 55-63.

Jiang S, Wang Y, Ji Z. 2014. Convergence analysis and performance of an improved gravitational search algorithm[J]. Applied Soft Computing, 24: 363-384.

Jiang W, Shi Y, Zhao W, et al. 2016. Parameters identification of fluxgate magnetic core adopting the biogeography-based optimization algorithm[J]. Sensors, 16(7): 979.

Kapur J N, Sahoo P K, Wong A K. 1985. A new method for gray-level picture thresholding using the entropy of the histogram[J]. Computer Vision, Graphics, and Image Processing, 29(3): 273-285.

Karaboga D. 2005. An idea based on honey bee swarm for numerical optimization[R]. Technical report-tr06, Erciyes University, Engineering Faculty, Computer Engineering Department. Kayseri, Turkey.

Kennedy J, Kbehhart R. 1995. Particle swarm optimization[C]. IEEE International Conference on Neural Networks.

Kennedy J, Mendes R. 2002. Population structure and particle swarm performance[C]. 2002 Congress on Evolutionary Computation.

Kennedy J, Mendes R. 2006. Neighborhood topologies in fully informed and best-of-neighborhood particle swarms[J]. IEEE Transactions on Systems Man & Cybernetics Part C, 36(4): 515-519.

Khademolghorani F, Baraani A, Zamanifar K. 2011. Efficient mining of association rules based on gravitational search algorithm[J]. International Journal of Computer Science Issues (IJCSI), 8(4): 51.

Khan S U, Yang S, Wang L, et al. 2016. A modified particle swarm optimization algorithm for global optimizations of inverse problems[J]. IEEE Transactions on Magnetics, 52(3): 1-4.

Kirkpatrick S. 1984. Optimization by simulated annealing: Quantitative studies[J]. Journal of Statistical Physics, 34(5-6): 975-986.

Kittler J, Illingworth J. 1986. Minimum error thresholding[J]. Pattern Recognition, 19(1): 41-47.

Krishnan K N, Ghose D. 2009. Innovations in swarm intelligence//Glowworm Swarm Optimization for Searching Higher Dimensional Spaces[M]. Berlin: Springer.

Kumar A R, Premalatha L. 2015. Optimal power flow for a deregulated power system using adaptive real coded biogeography-based optimization[J]. International Journal of Electrical Power & Energy Systems, 73: 393-399.

Kumar J V, Kumar D V M, Edukondalu K. 2013. Strategic bidding using fuzzy adaptive gravitational search algorithm in a pool based electricity market[J]. Applied Soft Computing, 13(5): 2445-2455.

Kumar V, Chhabra J K, Kumar D. 2014. Automatic cluster evolution using gravitational search algorithm and its application on image segmentation[J]. Engineering Applications of Artificial

Intelligence, 29: 93-103.

Kurban T, Civicioglu P, Kurban R, et al. 2014. Comparison of evolutionary and swarm based computational techniques for multilevel color image thresholding[J]. Applied Soft Computing, 23: 128-143.

Lam A Y S, Li V O K. 2010. Chemical-reaction-inspired meta heuristic for optimization[J]. IEEE Transactions on Evolutionary Computation, 14(3): 381-399.

Landgrebe D A. 2003. Signal Theory Methods in Multispectral Remote Sensing[M]. Hoboken: John Wiley & Sons.

Lee W J, Verzakov S, Duin R P. 2007. Kernel combination versus classifier combination[C]. International Workshop on Multiple Classifier Systems.

Li B, Zheng D, Sun L, et al. 2007. Exploiting multi-scale support vector regression for image compression[J]. Neurocomputing, 70(16-18): 3068-3074.

Li C, Chang L, Huang Z, et al. 2016. Parameter identification of a nonlinear model of hydraulic turbine governing system with an elastic water hammer based on a modified gravitational search algorithm[J]. Engineering Applications of Artificial Intelligence, 50: 177-191.

Li C, Li H, Kou P. 2014. Piecewise function based gravitational search algorithm and its application on parameter identification of AVR system[J]. Neurocomputing, 124: 139-148.

Li C, Zhou J, Xiao J, et al. 2012. Parameters identification of chaotic system by chaotic gravitational search algorithm[J]. Chaos, Solitons & Fractals, 45(4): 539-547.

Li X T, Wang J Y, Zhou J P, et al. 2011. A perturb biogeography based optimization with mutation for global numerical optimization[J]. Applied Mathematics And Computation, 218(2): 598-609.

Li X, Zhao Z, Cheng H. 1995. Fuzzy entropy threshold approach to breast cancer detection[J]. Information Sciences-Applications, 4(1): 49-56.

Liang J, Qu B, Suganthan P, et al. 2014. Problem definition and evaluation criteria for the CEC 2015 competition on learning-based real-parameter single objective optimization (2014)[R]. Computational Intelligence Laboratory, Zhengzhou University, Zhengzhou China and Technical Report, Nanyang Technological University, Singapore.

Liu W K, Hao S, Belytschko T, et al. 2000. Multi - scale methods[J]. International Journal for Numerical Methods in Engineering, 47(7): 1343-1361.

Lohokare M R, Pattnaik S S, Panigrahi B K, et al. 2013. Accelerated biogeography-based optimization with neighborhood search for optimization[J]. Applied Soft Computing, 13(5): 2318-2342.

Lyn Z L, Wang X Q, Tan Y. 2017. Optimal allocation of power supply of grid-connected microgrid using improved biogeography-based optimization algorithm[J]. Proceedings of the CSU-EPSA, 29(6): 35-44.

Ma A, Zhong Y, Zhang L. 2015. Adaptive multiobjective memetic fuzzy clustering algorithm for remote sensing imagery[J]. IEEE Transactions on Geoscience and Remote Sensing, 53(8): 4202-4217.

Ma H. 2010. An analysis of the equilibrium of migration models for biogeography-based optimization[J]. Information Sciences, 180(18): 3444-3464.

Ma H, Fei M, Simon D, et al. 2015. Biogeography-based optimization in noisy environments[J]. Transactions of the Institute of Measurement & Control, 37(2): 190-204.

Ma H, Simon D. 2011. Analysis of migration models of biogeography-based optimization using Markov theory[J]. Engineering Applications of Artificial Intelligence, 24(6): 1052-1060.

Mathieu R, Pittard L, Anandalingam G. 1994. Genetic algorithm based approach to bi-level linear programming[J]. RAIRO-Operations Research, 28(1): 1-21.

McFeeters S K. 2013. Using the normalized difference water index (NDWI) within a geographic information system to detect swimming pools for mosquito abatement: a practical approach[J]. Remote Sensing, 5(7): 3544-3561.

Mirjalili S, Hashim S Z M. 2010. A new hybrid PSOGSA algorithm for function optimization[C]. 2010 International Conference on Computer and Information Application (ICCIA), 2010: 374-377.

Mirjalili S, Hashim S Z M, Sardroudi H M. 2012. Training feedforward neural networks using hybrid particle swarm optimization and gravitational search algorithm[J]. Applied Mathematics and Computation, 218(22): 11125-11137.

Mirjalili S, Lewis A. 2014. Adaptive gbest-guided gravitational search algorithm[J]. Neural Computing & Applications, 25(7-8): 1569-1584.

Mirjalili S, Mirjalili S M, Lewis A. 2014. Grey wolf optimizer[J]. Advances in Engineering Software, 69: 46-61.

Monteiro S T, Kosugi Y. 2007. A particle swarm optimization-based approach for hyperspectral band selection[C]. IEEE Congress on Evolutionary Computation.

Nobahari H, Nikusokhan M, Siarry P. 2012. A multi-objective gravitational search algorithm based on non-dominated sorting[J]. International Journal of Swarm Intelligence Research (IJSIR), 3(3): 32-49.

Opfer R. 2006. Multiscale kernels[J]. Advances in Computational mathematics, 25(4): 357-380.

Otsu N. 1975. A threshold selection method from gray-level histograms[J]. Automatica, 11(285-296): 23-27.

Paoli A, Melgani F, Pasolli E. 2009. Clustering of hyperspectral images based on multiobjective particle swarm optimization[J]. IEEE Transactions on Geoscience and Remote Sensing, 47(12): 4175-4188.

Papa J P, Pagnin A, Schellini S A, et al. 2011. Feature selection through gravitational search algorithm[C]. IEEE International Conference on Acoustics, Speech and Signal Proceeding (ICASSP), 2011: 2052-2055.

Passino K M. 2002. Biomimicry of bacterial foraging for distributed optimization and control[J]. IEEE Control Systems, 22(3): 52-67.

Pettorelli N. 2013. The Normalized Difference Vegetation Index[M]. Oxford: Oxford University Press.

Phienthrakul T, Kijsirikul B. 2005. Evolutionary strategies for multi-scale radial basis function kernels in support vector machines[C]. Proceedings of the 7th Annual Conference on Genetic and Evolutionary Computation.

Pozdnoukhov A, Kanevski M. 2008. Multi-scale support vector algorithms for hot spot detection and modelling[J]. Stochastic Environmental Research and Risk Assessment, 22(5): 647-660.

Price K, Storn R M, Lampinen J A. 2005. Differential Evolution: A Practical Approach to Global Optimization [M]. Berlin: Springer Science & Business Media.

Qiao T, Ren J, Wang Z, et al. 2016. Effective Denoising and Classification of Hyperspectral Images Using Curvelet Transform and Singular Spectrum Analysis[J]. IEEE Transactions on Geoscience and Remote Sensing, 55(1): 119-133.

Qing A. 2009. Differential Evolution: Fundamentals and Applications in Electrical Engineering[M]. Singapore: John Wiley & Sons.

Qing A, Lee C K. 2010. Differential evolution in electromagnetics[M]. Berlin: Springer.

Raja P, Pugazhenthi S. 2012. Optimal path planning of mobile robots: A review[J]. International Journal of Physical Sciences, 7(9): 1314-1320.

Rakitianskaia A S, Engelbrecht A P. 2012. Training feedforward neural networks with dynamic particle swarm optimisation[J]. Swarm Intelligence, 6(3): 233-270.

Rashedi E, Nezamabadi-Pour H. 2014. Feature subset selection using improved binary gravitational search algorithm[J]. Journal of Intelligent & Fuzzy Systems, 26(3): 1211-1221.

Rashedi E, Nezamabadi-Pour H, Saryazdi S. 2009. GSA: a gravitational search algorithm[J]. Information Sciences, 179(13): 2232-2248.

Rashedi E, Nezamabadi-Pour H, Saryazdi S. 2011. Filter modeling using gravitational search algorithm[J]. Engineering Applications of Artificial Intelligence, 24(1): 117-122.

Reynolds R G. 1994. An introduction to cultural algorithms[C]. 2nd International Conference on Computer and Knowledge Engineering (ICCKE), 2012: 156-160.

Saeidi-Khabisi F, Rashedi E. 2012. Fuzzy gravitational search algorithm[J]. Proceedings 2nd international econference on computer and knowledge engineering, 75: 156-160.

Saha N, Roy D. 2009. Extended kalman filters using explicit and derivative-free local linearizations[J]. Applied Mathematical Modelling, 33(6): 2545-2563.

Sahoo P, Wilkins C, Yeager J. 1997. Threshold selection using Renyi's entropy[J]. Pattern Recognition, 30(1): 71-84.

Sarafrazi S, Nezamabadi-Pour H, Saryazdi S. 2011. Disruption: A new operator in gravitational search algorithm[J]. Scientia Iranica, 18(3): 539-548.

Saremi S, Mirjalili S, Lewis A. 2014. Biogeography-based optimisation with chaos[J]. Neural Computing & Applications, 25(5): 1077-1097.

Sharma A, Goel S. 2015. A BBO based framework for natural terrain identification in remote sensing[J]. Memetic Computing, 7(1): 43-58.

Shaw B, Mukherjee V, Ghoshal S. 2012. A novel opposition-based gravitational search algorithm for combined economic and emission dispatch problems of power systems[J]. International Journal of Electrical Power & Energy Systems, 35(1): 21-33.

Shi Y. 2001. Particle swarm optimization: developments, applications and resources[C]. Proceedings of the IEEE Congress on Evolutionary Computation.

Silva W D, Habermann M, Shiguemori E H, et al. 2013. Multispectral image classification using multilayer perceptron and principal components analysis[C]. 2013 BRICS Congress on Computational Intelligence & 11th Brazilian Congress on Computational Intelligence (BRICS-CCI & CBIC).

Simon D. 2008. Biogeography-Based Optimization[J]. IEEE Transactions on Evolutionary Computation, 12(6): 702-713.

Simon D, Omran M G H, Clerc M. 2014. Linearized biogeography-based optimization with re-initialization and local search[J]. Information Sciences, 267(267): 140-157.

Simon D, Shah A, Scheidegger C. 2013. Distributed learning with biogeography-based optimization: Markov modeling and robot control[J]. Swarm & Evolutionary Computation, 10: 12-24.

Singh U, Kama T S. 2012. Synthesis of thinned planar concentric circular antenna arrays using biogeography-based optimisation[J]. IET Microwaves Antennas & Propagation, 6(7): 822-829.

Singh U, Singh D, Singh P. 2013. Concentric Circular Antenna Array design using hybrid differential evolution with Biogeography Based Optimization[C]. IEEE International Conference on Computational Intelligence and Computing Research (ICCIC).

Sombra A, Valdez F, Melin P, et al. 2013. A new gravitational search algorithm using fuzzy logic to parameter adaptation[C]. IEEE Congress on Evolutionary Computation (CEC).

Stathakis D, Vasilakos A. 2006. Comparison of computational intelligence based classification techniques for remotely sensed optical image classification[J]. IEEE Transactions on Geoscience and Remote Sensing, 44(8): 2305-2318.

Storn R, Price K. 1995. Differential evolution—A simple and efficient adaptive scheme for global optimization over continuous spaces [R]. Berkeley: International Computer Science Institute, TR-95-012.

Storn R, Price K. 1997. Differential evolution—A simple and efficient heuristic for global optimization over continuous spaces[J]. Journal of Global Optimization, 11(4): 341-359.

Sun G, Zhang A, Jia X, et al. 2016a. DMMOGSA: Diversity-enhanced and memory-based multi-objective gravitational search algorithm[J]. Information Sciences, 363: 52-71.

Sun G, Zhang A, Wang Z, et al. 2016c. Locally informed gravitational search algorithm[J]. Knowledge-based Systems, 104: 134-144.

Sun G, Zhang A, Yao Y, et al. 2016b. A novel hybrid algorithm of gravitational search algorithm with genetic algorithm for multi-level thresholding[J]. Applied Soft Computing, 46: 703-730.

Tizhoosh H R. 2005. Opposition-based Learning: A New Scheme for Machine Intelligence[C]. International Conference on Computational Intelligence for Modelling, Control and Automation and International Conference on Intelligent Agents, Web Technologies and Internet Commerce (CIMCA-IAWTIC'06).

van der Merwe D, Engelbrecht A P. 2003. Data clustering using particle swarm optimization[C]. IEEE Congress on Evolutionary Computation.

Walder C, Kim K I, Schölkopf B. 2008. Sparse multiscale Gaussian process regression[C]. 25th International Conference on Machine Learning.

Wallace A R. 1958. The geographical distribution of animals[J]. Nature, 182(4629): 140-141.

Wang Z, Wu X. 2016. Salient Object Detection Using Biogeography-Based Optimization to Combine

Features[J]. Applied Intelligence, 45(1): 1-17.

Weise T, Chiong R, Lassig J, et al. 2014. Benchmarking optimization algorithms: An open source framework for the traveling salesman problem[J]. IEEE Computational Intelligence Magazine, 9(3): 40-52.

Wesche T, Goertler C, Hubert W. 1987. Modified habitat suitability index model for brown trout in southeastern wyoming[J]. North American Journal of Fisheries Management, 7(2): 232-237.

Xiao J, Cheng Z. 2011. DNA sequences optimization based on gravitational search algorithm for reliable DNA computing[C]. 6th International Conference on Bio-Inspired Computing: Theories and Applications (BIC-TA).

Yang X S, Deb S. 2009. Cuckoo search via Lévy flights[C]. World Congress on Nature & Biologically Inspired Computing.

Yang X S, Gandomi A H. 2012. Bat algorithm: a novel approach for global engineering optimization[J]. Engineering Computations, 29(5): 464-483.

Yang Z, Guo J, Xu W, et al. 2006. Multi-scale support vector machine for regression estimation[C]. International Symposium on Neural Networks.

Yao X, Liu Y, Lin G. 1999. Evolutionary programming made faster[J]. IEEE Transactions on Evolutionary Computation, 3(2): 82-102.

Yap K H, Guan L, Perry S W, et al. 2009. Adaptive Image Processing: A Computational Intelligence Perspective[M]. Boca Raton: CRC Press.

Yin M, Hu Y, Yang F, et al. 2011. A novel hybrid K-harmonic means and gravitational search algorithm approach for clustering[J]. Expert Systems with Applications, 38(8): 9319-9324.

Yin P Y. 1999. A fast scheme for optimal thresholding using genetic algorithms[J]. Signal Processing, 72(2): 85-95.

Yu W J, Shen M, Chen W N, et al. 2014. Differential evolution with two-level parameter adaptation[J]. IEEE Transactions on Cybernetics, 44(7): 1080-1099.

Zabalza J, Ren J, Zheng J, et al. 2015. Novel segmented stacked autoencoder for effective dimensionality reduction and feature extraction in hyperspectral imaging[J]. Neurocomputing, 185: 1-10.

Zhan Z H, Zhang J, Li Y, et al. 2009. Adaptive Particle Swarm Optimization[J]. IEEE Transactions On Systems Man And Cybernetics Part B-cybernetics, 39(6): 1362-1381.

Zhang A, Sun G, Ren J, et al. 2018. A dynamic neighborhood learning-based gravitational search algorithm[J]. IEEE Transactions on Cybernetics, 48(1): 436-447.

Zhang A, Sun G, Wang Z. 2015a. Optimized hyperspectral band selection using hybrid genetic algorithm and gravitational search algorithm[C]. Ninth International Symposium on Multispectral Image Processing and Pattern Recognition, 981403-981406.

Zhang A, Sun G, Wang Z, et al. 2015b. A hybrid genetic algorithm and gravitational search algorithm for global optimization[J]. Neural Network World, 25(1): 53-73.

Zhang B, Sun X, Gao L, et al. 2011. Endmember extraction of hyperspectral remote sensing images based on the discrete particle swarm optimization algorithm[J]. IEEE Transactions on Geoscience and Remote Sensing, 49(11): 4173-4176.

Zhang N, Li C, Li R, et al. 2016. A mixed-strategy based gravitational search algorithm for parameter identification of hydraulic turbine governing system[J]. Knowledge-based Systems, 109: 218-237.

Zheng D, Wang J, Zhao Y. 2006. Non-flat function estimation with a multi-scale support vector regression[J]. Neurocomputing, 70(1-3): 420-429.

Zheng Y J, Ling H F, Wu X B, et al. 2014b. Localized biogeography-based optimization[J]. Soft Computing, 18(11): 2323-2334.

Zheng Y J, Ling H F, Xue J Y. 2014a. Ecogeography-based optimization: Enhancing biogeography-based optimization with ecogeographic barriers and differentiations[J]. Computers & Operations Research, 50: 115-127.

Zhong Y, Zhang L. 2012. An adaptive artificial immune network for supervised classification of multi-/hyperspectral remote sensing imagery[J]. IEEE Transactions on Geoscience & Remote Sensing, 50(3): 894-909.

Zhong Y, Zhang L, Huang B, et al. 2006. An unsupervised artificial immune classifier for multi/hyperspectral remote sensing imagery[J]. IEEE Transactions on Geoscience and Remote Sensing, 44(2): 420-431.

Zhou Y, Zhang T, Li X. 2006. Multi-scale Gaussian processes model[J]. Journal of Electronics (China), 23(4): 618-622.

Zhu B, Xie L J, Song G H, et al. 2013. An efficient projection defocus algorithm based on multi-scale convolution kernel templates[J]. Journal of Zhejiang University Science C, 14(12): 930-940.

Zibanezhad B, Zamanifar K, Sadjady R S, et al. 2011. Applying gravitational search algorithm in the QoS-based Web service selection problem[J]. Journal of Zhejiang University Science C, 12(9): 730.

Zien A, Ong C S. 2007. Multiclass multiple kernel learning[C]. 24th International Conference on Machine Learning.